# 稻麦轮作区
## 秸秆还田的土壤生态效应

崔思远　著

U0349863

中国农业科学技术出版社

图书在版编目（CIP）数据

稻麦轮作区秸秆还田的土壤生态效应 / 崔思远著. --北京：中国农业
科学技术出版社，2021. 10
ISBN 978-7-5116-5512-7

Ⅰ.①稻… Ⅱ.①崔… Ⅲ.①秸秆还田－土壤生态学 Ⅳ.①S141.4

中国版本图书馆 CIP 数据核字（2021）第 197615 号

责任编辑　申　艳
责任校对　贾海霞
责任印制　姜义伟　王思文

出 版 者　中国农业科学技术出版社
　　　　　北京市中关村南大街12号　　邮编：100081
电　　话　（010）82106636（编辑室）（010）82109702（发行部）
　　　　　（010）82109709（读者服务部）
传　　真　（010）82106636
网　　址　http: // www.castp.cn
经 销 者　各地新华书店
印 刷 者　北京建宏印刷有限公司
开　　本　170 mm×240 mm　1/16
印　　张　9.75
字　　数　201千字
版　　次　2021年10月第1版　　2021年10月第1次印刷
定　　价　48.00元

# 前　言

　　近年来，人类活动造成的全球气候变化已成为人类和其他生物生存面临的最严峻挑战之一，受到各界科学家、政治家和社会公众的日益关注，$CO_2$、$CH_4$和$NO_x$等温室气体排放是造成全球气候变化的主要原因。农业是$CH_4$和$NO_x$排放的主要贡献者之一，如何降低农田生态系统温室气体排放、提高农田固碳能力，已成为我国政府和科学家关注的焦点。2020年9月，我国在联合国大会上做出了2030年前碳达峰、2060年前碳中和的庄重承诺。2021年全国两会，"碳达峰、碳中和"被首次写入政府工作报告。在我国，农业具有保障粮食安全和基本民生、发挥"压舱石"的作用。在此背景下，实现农业碳达峰、碳中和目标任重道远。

　　秸秆还田是一项重要的农田管理措施，秸秆还田方式与还田年数对土壤有机碳与氮素周转、作物生产、农田生态具有重要影响。长江中下游平原是我国重要的粮食产区，集约化的稻麦轮作生产系统保障了粮食持续稳定高产，但也面临着面源污染、土壤质量下降等问题。因此，以稻麦轮作农田为对象，探讨秸秆还田方式和年数对土壤碳库、氮库变化、作物生产以及农田生态系统服务功能价值的影响，对促进农田生态系统可持续发展具有重要的理论和实践意义。本书基于长期定位试验所取得的数据，分析秸秆还田不同方式和年数对碳库与氮库组成变化及稻、麦产量的影响，选取农产品与轻工业原料供给、大气调节、土壤养分累积和水分涵养4类生态服务功能，运用生态经济学方法评估秸秆还田的生态经济价值，以期为科学制定稻麦轮作区合理的碳氮管理策略和秸秆管理措施提供依据，助力农业农村实现"碳达峰、碳中和"目标。

　　全书共分9章。第1章为概述，主要介绍国内外秸秆还田对农田土壤碳库氮库、作物生产和生态系统服务价值影响研究的背景、目的、现状，并概述本书主要研究内容；第2章为研究区概况及研究方法，主要介绍研究的区位信息、试验设计、采样和测定方法、评估和分析方法；第3章为稻麦轮作农田土壤碳组分对秸秆还田方式的响应，主要介绍秸秆不同还田方式对稲麦轮作农田土壤有机碳及其组分、团聚体有机碳分布、有机碳储量的影响，分析秸秆不同还田方式的固碳效应；第4章为稲麦轮作农田土壤氮组分对秸秆还田方式的响应，主要介绍秸秆不同还田方式对稲麦轮作农田土壤全氮及其组分、团聚体全氮分布、全氮储量的影响，分析秸秆不同还田方式的储氮效应；第5章为稲麦轮作农田土壤碳组分对秸秆还田年数的响应，主要介绍不同秸秆还田年数对稲麦轮作农田土壤有机碳及其组分、团聚体有机碳分布、有机碳储量的影响，分析秸秆持续还田的固碳效应；第6章为稲麦轮作农田土壤氮组分对秸秆还田年数的响应，主要介绍不同秸秆还田年数对稲麦轮作农田土壤全氮及其组分、团聚体全氮分布、全氮储量的影响，分析秸秆持续还田的储氮效应；第7章为稲麦产量对秸秆还田的响应，主要介绍秸秆不同还田方式和年数对稲麦产量的影响，系统分析稲麦产量与土壤碳氮组分之间的关系；第8章为秸秆还田的生态经济价值评估，运用生态经济学方法对麦田生态系统服务价值进行评估；第9章为讨论、结论与展望，对全书研究内容与国内外相关研究进行系统的分析与讨论，给出主要结论，并对本书不足及后续研究进行展望。

实现农业农村"碳达峰、碳中和"道阻且长，非常需要用开创精神来进行研究。本书从土壤碳氮固存、产量和农田生态系统服务功能价值等方面对稲麦轮作区农田秸秆还田的生态效应进行研究，希望能够抛砖引玉，激发更多新探索和新思路。本书受到中国农业科学院科技创新工程（农科院办〔2014〕216号）、中央级公益性科研院所基本科研业务费专项（S202010-02）、国家重点研发计划（2018YFD0200500）、江苏现代农业（小麦）产业技术体系（JATS〔2020〕451）资助。本书的研究和撰写得到了扬州大学农学院朱新开教授和农业农村部南京农业机械化研究所曹光乔副所长的支持与指导，在此，谨一并致以衷心的感谢！

限于作者水平，书中可能存在疏漏和不妥之处，敬请读者予以批评指正，以便后续修改完善。

著　者
2021年7月

# 目　录

# 第1章　概述

## 1.1　研究背景

作物秸秆含有丰富的营养元素，在缺乏有机肥输入的粮田中，还田作物残体特别是秸秆已成为影响土壤碳氮含量和质量的重要因素[1]。秸秆还田是一种常见的田间管理方法，对土壤理化和生物特性以及农作物产量有显著影响[2, 3]，并且能够降低农业生产对化石燃料的过度依赖，从而减少温室气体的排放，有利于缓解温室效应[1, 4]。随着我国深入推进农作物秸秆还田政策，来源于农作物秸秆、根系和其他部分的碳约占土壤有机碳（Soil organic carbon，SOC）总量的40%、30%和30%[5]。秸秆还田显著提高土壤剖面氮储量[6]，并显著影响SOC在不同土层的分布，进而提高土壤生产力和作物产量[7]。我国农作物秸秆资源非常丰富，据估算，2015年全国主要农作物秸秆资源量为71 878.53万t[8]，如何合理高效利用秸秆资源正逐渐成为我国各界科学家研究的热点。

土壤肥力是土地生产力的基础，是影响作物生长和产量的重要因素。作为衡量土壤肥力水平的重要参数之一，土壤有机质对土壤质量及作物生产有重要影响[9, 10]。长期以来，如何有效改善土壤质量、提高土壤养分供应能力和可持续性是全球农业、土壤等众多领域研究的重点。全球SOC约为1 500 Pg，是大气碳库的2~3倍[11]，其区域尺度的微小变化都将会引起全球尺度的气候变化[12]。农业是温室气体排放主要来源之一，特别是$CH_4$、$N_2O$等非$CO_2$排放。随着生态环境和气候的变化，有关土壤碳氮积蓄和释放能力的研究已成为国际学者关注的焦点。

化肥是重要的农业投入品，在农业发展中具有不可替代的作用。由于粮食增产压力大、耕地基础地力低、复种指数高、规模化生产程度低等原因，我国化肥过量、盲目施用的现象颇为严重，不仅造成农业生产成本增加、资源浪费，也导致土壤质量下降、土壤酸化、面源污染等问题[13]。2015年起，我国实施化肥使用量零增长行动，而如何在控制化肥施用量的同时确保粮食高产稳产是我国科学家研究的重点领域。研究表明，通过合理利用有机养分资源，使用有机物料替代部分化肥，是降低化肥施用量、提高土壤生产力、保证农作物产量、改善生态环境的有效途径[14-16]。

农田管理措施如土壤耕作、秸秆还田等是农业生产重要环节，能够改变土壤内部结构，为作物生长发育提供良好环境。不合理的农业管理措施可使农田SOC含量较初始水平降低30%～60%，但是60%～70%已损失的SOC可以通过有机物归还、降低耕作强度等科学的管理措施重新被土壤固定[17]。据Cheng等[18]估算，我国农田土壤的生物物理固碳潜力为2.2～2.9 Pg C，其中保护性耕作的固碳潜力为0.62 Pg C。氮素是限制土壤生产力的重要因子，在农田生态系统中意义重大而受到广泛关注。土壤氮库的提升可以提高土壤供氮潜力，减少氮肥施用量[19]。不同农田管理措施下土壤所受扰动强度、秸秆还田与否及其分布状况都存在较大差异，导致土壤结构和理化性状发生改变，进而影响土壤氮库[20, 21]。因此，深入研究耕作、秸秆还田等农田管理措施对土壤碳库、氮库的影响对于提升土地生产力、保障粮食安全及改善农田生态环境具有重要意义。

除了土壤有机碳库和氮库，作物秸秆还田还会影响农田温室气体排放[22]，提高土壤氮、磷、钾等养分含量[7]，降低土壤容重，提高土壤孔隙度[23]，优化土壤团聚体结构[24]和保水能力[25]，可以有效避免秸秆焚烧造成的环境污染问题。当前关于稻麦轮作系统秸秆还田的效益评估主要是进行经济和环境效益等方面的计算，如作物生产力、养分循环、化肥替代和固碳减排效应等[26, 27]，对秸秆还田产生的其他生态功能价值评估的研究较为缺乏，很难全面反映秸秆还田对经济和生态综合价值的影响。生态系统服务功能是指生态系统与生态过程所形成及所维持的人类赖以生存的自然环境条件与效用[28]。研究秸秆还田对农田生态系统服务功能的影响，可以更全面地评估秸秆还田的综合价值及秸秆还田的生态效应。

长江中下游平原是我国重要的粮食产区，受益于亚热带季风气候，稻麦复种连作是该地区主要的种植模式，对我国谷类作物生产的贡献率达30%[29]。集约化的稻麦生产对氮肥投入的高度依赖导致该区域出现了化肥过量施用、土壤质量下降等问题[30]。此外，该区域对稻麦高产的追求导致产生的秸秆量比较大，随着秸秆禁烧政令的实施，加上秸秆综合利用程度比较低，秸秆直接还田已成为当前稻麦生产过程中秸秆利用的主要方式。虽然秸秆含有一定量的碳、氮及其他营养成分，且施入土壤后会对土壤物理性状及有机质、速效养分含量等产生一定的调控效应，但因秸秆存在着体积大、腐解慢、田间直接腐解时产生次生物质影响稻麦幼苗生长等问题，所以也表现出一定的负效应。因此构建合理的秸秆还田方式与配套措施，增强农田土壤碳氮库，提高土壤质量，减轻秸秆还田的负面影响，有利于促进该区域农业可持续发展。当前，有关耕作方式对长江中下游平原稻麦复种连作农田土壤结构和碳氮库已有一定的研究，结果表明秸秆还田是提高有机碳储量和碳库质量的重要措施之一[31, 32]，秸秆还田方式和年数显著影响土壤容重、孔隙结构、土壤碳库及其构成等[24, 33, 34]。但是有关秸秆还田方式和年数对SOC组分的影响尚少有涉及，对土壤全氮（Total nitrogen，TN）组分影响的研究亦较少，SOC和TN在不同组分间的分配规律及其对秸秆还田方式和年数的响应特征尚不明确，基于土壤碳库氮库综合影响探寻合理秸秆还田方式的研究仍不充分，碳氮组分与作物产量的关系需要进一步明晰，秸秆还田的综合价值有待系统评估。因此，本书通过比较不同秸秆还田方式和年数下耕层SOC、TN及其组分含量和碳氮比及层化率、团聚体碳氮分布、碳氮储量、土壤理化性状、温室气体排放的变化差异，探讨不同因子间的相互关系，分析上述因素变化对稻麦产量的影响，明确秸秆还田方式和年数对土壤碳氮固存的影响，评估秸秆还田对农田生态系统服务功能价值的影响，为长江中下游平原稻麦轮作区农田土壤碳库和氮库管理及建立合理的秸秆还田模式提供理论依据。

## 1.2 秸秆还田的农田土壤生态效应研究进展

SOC与土壤结构稳定、作物高产及稳产性等密切相关。SOC含量低于2%会降低土壤结构稳定性，进而限制作物的高产、稳产性[35]，而我国逾80%的耕地SOC含量低于该水平。Pan等[36]基于我国第二次土壤普查的有机质数据和作物产量数据分析指出，有机质含量每提高1个百分点，作物产量可增加430 kg hm$^{-2}$，稳产性可提高3.5%。保护性耕作技术降低了土壤扰动强度，将作物残茬归还土壤，被认为可以提高SOC和TN含量，但是其固碳增氮效应主要体现在表层土壤，而在深层土壤中的效果存在较大争议[21, 37, 38]，这可能与具体研究位点、气候条件、土壤类型、作物种类等有关。土壤氮素和有机碳存在一定的耦合关系，氮素变化能够影响土壤固碳作用[39]，SOC水平也在氮素矿化、固定和反硝化作用中起重要作用[40]，其相互耦合作用对作物生产以及气候变化等方面具有重要意义[41]。作物秸秆还田量及还田方式直接影响SOC的固存[42, 43]。通常，SOC固存量随着秸秆还田量的增加而增加[7]，但是可能具有一定的点位变异性[44]。秸秆还田增加了土壤氮素输入，有利于提高土壤TN水平，与秸秆不还田相比，水稻秸秆还田可以显著提高土壤有效氮和总氮含量，并且在0~20 cm土层效果更明显[7]。然而，长期秸秆还田不可能带来土壤碳、氮水平的持续增长，在一定条件下也会引起SOC含量的降低，原因可能是引发了启动效应[45]，已有连续秸秆还田试验结果表明，土壤TN含量并不是随着秸秆还田年数的增加而逐渐提高的[46]。因此，合理的秸秆管理措施具有固碳减排和保障粮食安全等多重意义。

## 1.2.1 秸秆还田对农田土壤有机碳组分的影响

土壤结构容易受到管理措施的影响，并进一步影响SOC的周转。土壤结构，包括土壤孔隙系统和团聚体等，对土壤物理特性和养分运移有重要影响。其中，土壤团聚体能够对SOC提供物理保护，使其免受微生物的分解。研究表明，SOC主要分布在土壤大团聚体中，与土壤大团聚体含量有较强的正相关关系，而与微团聚体含量之间有较强的负相关关系[47, 48]。保护性耕作通过减少土壤扰动、将农作物秸秆归还土壤等措施改善土壤孔隙结构，促进土壤团聚作用，提高团聚体及土壤结构稳定性，增强了对SOC的保护，提高土壤固碳能力，能够将农田土壤从碳源转化为碳汇，且对SOC的固定和分解两个过程均有显著影响[49]，被认为是农田固碳减排最有效的措施之一。大量研究表明，少免耕和秸秆还田能够显著提高表层SOC含量，但是Singh等[50]指出，通过减少耕作或秸秆管理措施来增加表层土壤固碳的效果有限。另外，对于耕层以下尤其是30 cm以下土壤，由于超出了常规耕作的深度，相关研究结果有较大差异。种植制度、土壤类型、秸秆还田量、气候条件等因素的差异影响着SOC的周转过程，可能是导致上述研究结果不一致的主要原因。

SOC不同组分具有不同的活性，对作物生长发育的作用不同，受外界环境变化的影响亦不同。一般而言，SOC中含有大量稳定态碳，对不同土壤或作物管理方式下土壤质量的短期变化不敏感[51, 52]。因此，依据一定方法将有机碳分为活性不同的组分进行分别研究，有助于深入理解和科学管理有机碳周转。物理分组法对SOC破坏性较小，能较好体现有机碳的结构和功能。密度分组法和粒径分组法是常见的物理分组方法，采用密度分组法可将SOC分为轻组有机碳（Light fraction organic carbon，LFOC）和重组有机碳（Heavy fraction organic carbon，HFOC）两类，采用粒径分组法可将SOC分为颗粒态有机碳（Particulate organic carbon，POC）和矿物结合态有机碳（Mineral-associated organic carbon，MOC）两类。LFOC和POC是活性较高的SOC组分，对农业管理措施比较敏感，能够快速反映SOC的变化，而活性较低的SOC组分，如土壤HFOC和MOC等则对管理措施不敏感，是体现土壤固碳效应的较好指标[53]。目前已有部分学者围绕有机碳组分展开研究，将LFOC、POC、微生物量碳和高锰酸钾易氧化有机碳（KMnO₄-C）等活性有机碳组分作为反映有机碳受环境和农业管理措施影响的指示因子[54]。多数研究表明，少免耕和作物残体归还能够提高表层土壤LFOC和POC等活性有机碳组分含量[55-57]，HFOC是SOC的主体，但LFOC对耕作措施的响应比SOC更为敏感，可作为SOC变化的指示因子[58]。目前，有关耕作方式对土壤LFOC、HFOC的影响研究主要集中于稻田，而在稻麦轮作系统中的研究较少。

土壤POC与MOC是活性差异较大的有机碳组分，亦能体现有机碳的周转状态。少免耕结合秸秆还田可以提高表层土壤POC含量，但是在深层土壤中的效果有较大差异。由于LFOC和POC活性较强，易受种植制度、土壤类型、气候等外部环境的影响，当前研究结论并不一致，且相关研究多在旱地和稻田开展，在稻麦轮作这一水旱轮作系统中呈现何种变化特征，目前尚不清楚。因此，研究土壤LFOC、HFOC、POC和MOC在不同秸秆还田方式下的分布特征，探索SOC在不同活性碳库间的运转规律，有助于客观评价秸秆还田方式对土壤碳库的影响。

作物秸秆含有丰富的营养元素，秸秆还田是我国秸秆目前主要的资源化利用方式[59]。在缺乏有机肥输入的粮田中，还田作物残体特别是秸秆成为影响SOC数量和质量变化的决定因素。大量研究表明，秸秆还田可以显著提高SOC含量。近年来，有关秸秆还田对SOC影响的研究逐渐深入，秸秆长短、还田量、还田深度等因素对土壤理化和生物学特性的影响已广泛开展。Zhou等[60]研究表明，秸秆长度与土壤和水溶液中的养分交换、秸秆分解速率等密切相关。Guo等[61]对秸秆浅埋还田（0~15 cm）和深埋还田（15~30 cm）的研究表明，秸秆深埋（深度15~30 cm）能够显著提高该土层有机碳、微生物量碳、溶解性有机碳等有机碳组分含量，提高0~15 cm土层溶解性有机碳、硝态氮及微生物量碳氮含量，浅埋还田显著提高微生物量碳氮含量。张翰林等[33]对稻麦轮作农田不同秸秆还田年数试验表明，长期秸秆还田显著提升SOC含量，但短期（5 a）内效果不显著。也有研究表明，秸秆还田短期（3 a）可以显著增加SOC固定，但是长期（15 a）效果不明显[62]。可见，目前有关不同秸秆还田年数下SOC变化特征的研究仍较少，且现有关于秸秆短期和长期还田对SOC含量影响的研究结果并不一致，相关研究亟待补充和深入。

还田秸秆降解后产生的腐殖质等物质为土壤输入额外碳源，影响土壤溶解性有机碳、活性有机碳、LFOC、POC、微生物量碳等SOC活性组分含量[63, 64]。Mi等[65]在浙江水稻-冬闲田研究表明，秸秆管理措施对0~10 cm土层POC含量起主导作用，与秸秆移除处理相比，秸秆覆盖处理使POC含量提高了13.0%，但是其对10~20 cm土层POC含量无显著影响。Zhao等[66]研究了0 kg hm$^{-2}$（S0）、2 250 kg hm$^{-2}$（S1）、4 500 kg hm$^{-2}$（S2）和9 000 kg hm$^{-2}$（S3）4种秸秆还田量处理对SOC组分的影响，结果表明，与S0相比，S1处理土壤轻组组分和LFOC含量没有变化，而S2处理增加了14.7%和33.9%，S3处理增加了48.0%和81.3%，且S2和S3处理土壤HFOC含量增加了39.2%~43.1%。Yan等[63]研究结果却表明，我国东北稻田土壤活性有机碳（包括POC、溶解性有机碳和微生物量碳）含量随着秸秆还田量的增加显著提高，较低秸秆还田量（6 250 kg hm$^{-2}$）即可显著提高土壤POC等活性碳组分。以上研究表明，秸秆还田与否对SOC组分，特别是土壤LFOC和POC等活性碳组分影响显著，但是效果与具体秸秆还田量、土层深度、试验位点有较大关系。然而，目前关于SOC组分受秸秆还田年数影响的研究较少，持续秸秆还田下SOC及其组分的变化特征以及它们与产量的关系目前并不清楚。

## 1.2.2　秸秆还田对农田土壤氮组分的影响

氮是作物生长的重要元素，也是造成农业面源污染的重要因素。以我国为例，为满足集约化农业生产需求而过量施用氮肥已成为生态环境和人类健康的主要威胁。土壤氮库的提升可以提高土壤供氮潜力，减少氮肥施用量，有利于农田生态系统可持续发展[19]。不同农田管理措施，如耕作方式和作物残体归还等，土壤所受扰动强度、秸秆还田与否及其分布状况都存在较大差异，导致土壤结构和理化性状发生改变，进而影响土壤氮库[20, 21]。以少免耕为代表的保护性耕作由于降低了土壤扰动强度，增加了作物残茬归还，被认为可以提高土壤TN含量，但是效果随着土壤深度的增加而降低[67]，同时少免耕能够显著降低土壤氮素淋失和气态氮损失[68]。

与秸秆不还田相比，水稻秸秆还田可以提高土壤TN含量10.8%，在0~20 cm

土层效果更明显[7]。Cao等[69]研究也表明，小麦秸秆还田可以促进氮素固定，提高土壤氮的积累，减少总气态氮损失。Yang等[46]研究结果表明，连续秸秆还田能提高土壤TN含量，尽管TN含量并不是随着秸秆还田年数的增加而逐渐提高，但在秸秆还田的0~25 a，土壤TN含量随秸秆还田年数的增加总体呈上升趋势。由此可以看出，少免耕结合秸秆还田显著影响土壤TN含量和分布，但是其增氮效应主要体现在表层土壤，而在深层土壤中的效果尚不明确，可能与具体研究位点、气候条件、土壤类型、作物种类等有关。目前，关于耕作与秸秆还田对土壤氮分布和变化影响的研究不够充分，需要进一步深入研究。

虽然TN可以用来衡量土壤氮库大小，但是其对管理措施不敏感，且不能充分反映氮库质量，用来表征氮库变化时存在一定的不足[21]。相比之下，土壤活性氮组分对管理措施响应更敏感，是反映土壤氮库变化的重要指标。物理分组法对土壤氮的破坏性较小，能更好体现氮的结构和功能。和有机碳物理分组方法相似，TN可依据密度分组法分为轻组氮（Light fraction total nitrogen，LFTN）和重组氮（Heavy fraction total nitrogen，HFTN），依据粒径分组法分为颗粒态氮（Particulate total nitrogen，PTN）和矿物结合态氮（Mineral-associated total nitrogen，MTN）。PTN主要来源于土壤中部分降解的植物碎片，其活性介于活性氮和惰性氮之间[70]，对管理措施响应比较敏感，因与土壤供氮能力和氮矿化密切相关而受到广泛研究[71, 72]；MTN是一种稳定态的组分，一定程度上决定了土壤持续稳定供应氮素的能力[70, 73]。土壤轻组组分主要由新合成的有机物质如微生物、植物中的多糖、真菌菌丝等组成，LFTN具有很强的生物学活性，是土壤中可矿化氮的源，在氮循环中起显著作用，对管理措施变化的反应极为敏感[74]，而HFTN化学性质较为稳定，是土壤中可矿化氮的汇。

耕作方式与秸秆还田显著影响土壤氮组分含量。Desrochers等[75]认为，提高土壤颗粒态组分中碳、氮含量是可能提升集约化种植农田土壤长期可持续利用的关键。研究表明，少免耕结合秸秆还田能够提高0~20 cm土层PTN含量[76]。Zhang等[77]在我国北方旱地的试验结果表明，免耕秸秆还田较翻耕分别提高0~5 cm和5~10 cm土层颗粒态有机氮含量52.3%和41.6%，但是10 cm以下土壤差异不显著。濮超等[70]在我国华北地区试验结果表明，秸秆还田条件下免耕提高了0~5 cm土层PTN含量，但20~30 cm土层PTN含量有所降低，翻耕方式下，秸秆还田提高了0~20 cm土层POC含量，但对MOC含量无显著影响。而Jilling等[78]分析认为，耕作方式对PTN含量的影响与具体研究位点有关。

舒馨等[79]研究表明，土壤LFTN含量随着耕作强度和频率的增加而显著降低，秸秆还田显著提高了土壤LFTN含量，LFTN主要分布于表层土壤，耕作方式对土壤HFTN含量的影响不明显。祁剑英等[73]认为，保护性耕作对LFTN的影响尚不明确，与具体试验位点有关。董林林等[80]研究则表明，秸秆还田导致土壤氮组分中LFTN占比下降，HFTN占比上升。综上所述，当前研究表明少免耕结合秸秆还田能够提高表层土壤PTN含量，而对深层土壤PTN含量的影响无统一结论。目前有关耕作措施对农田LFTN和HFTN影响的研究较少，且土壤PTN、MTN、LFTN和HFTN随着秸秆还田年数增加所呈现的变化特征尚不清楚，无法全面评价秸秆还田方式对土壤氮组分的影响。对农田土壤不同氮组分分布和变化情况进行深入研究，可以更加准确地评价土壤的供氮能力，进一步明确土壤氮库的变化及机制。

## 1.2.3　秸秆还田对土壤碳氮比的影响

土壤氮素和SOC存在一定的耦合关系，土壤氮素变化能够影响土壤微生物活性，影响土壤吸收大气$CO_2$的能力，进而影响土壤固碳作用[39]，SOC含量也在氮素矿化、固定和反硝化作用中起重要作用[40]，其相互耦合作用对作物生产以及气候变化等方面具有重要意义。由于SOC和TN之间的密切关系，土壤碳氮比是预测农田土壤有机质潜在分解性的重要指标，反映了SOC和TN之间的相互作用或耦合关系。当土壤碳氮比为13～20时，土壤有机质分解与土壤碳氮比呈负相关关系[81]。尽管土壤碳氮比通常处于有限的范围内，但是其受到许多因素的影响，如气候、土壤条件、植被类型、农业管理措施等[82]。作物秸秆对农田土壤氮素转化具有重要影响，当向土壤投入碳氮比较高（>30）的秸秆时，微生物分解会促进净氮固定；而投入碳氮比较低（<20）的秸秆则可能导致氮矿化，包括硝化作用造成的损失[83, 84]。Toma和Hatano[85]研究认为，相同施氮量情况下，土壤$N_2O$排放与添加有机物的碳氮比呈负对数关系。土壤碳氮比也对土壤氮素和有机质分解有重要影响。Emfors等[86]对森林土壤的研究表明，当碳氮比低于13，全球$N_2O$排放中来自土壤的$N_2O$占比可高达88%。Springob和Kirchmann[87]研究发现，土壤有机质矿化强度在碳氮比高于20时受到抑制。可见，土壤碳氮比对SOC和氮周转过程有重要影响。不同耕作方式结合秸秆还田直接影响秸秆分布状况，进而改变土壤碳氮比。在传统耕作方式下，作物残留物可以均匀分布至20 cm甚至更

深的土层，而在少免耕方式下，作物残留物主要分布于土壤表面，因此，在上层土壤剖面中，少免耕处理土壤碳氮比随土层深度的增加而呈下降的趋势[82]。还有研究表明，免耕较翻耕能够提高表层土壤碳氮比[38, 88]，但是对深层土壤碳氮比影响尚不明确。Zhang等[89]通过4年定位试验研究认为，在我国西北半干旱地区，玉米秸秆还田显著提高SOC、TN和碳氮比，且秸秆还田量越高，其增加幅度越大。Dong等[90]在我国西北黄土高原的研究表明，秸秆还田可以提高0～10 cm土层SOC、TN含量和碳氮比，同时提高该土层溶解性有机碳和溶解性氮的含量。Corral-Fernández等[91]研究表明，减少耕作强度结合作物覆盖和有机肥施用显著提高表层（0～20.9 cm）土壤碳氮比，土壤碳氮比随土壤深度的增加而降低。目前关于稻麦轮作农田土壤碳氮比受秸秆还田方式和年数影响的研究较少。

## 1.2.4　秸秆还田对土壤层化率的影响

土壤层化率是指土壤碳、氮等元素含量值在不同层次土壤中的比值，主要用于指示该土壤成分分层特性，可用于评价土壤质量和生态功能[92]。以有机质为例，未扰动SOC库在不同土壤深度的层化主要是由土壤表面作物残体和凋落物等带来的持续碳输入以及深层土壤获得较少的外源碳输入所造成的，此过程能够增强土壤团聚性，提高土壤孔隙状况并保持土壤质量[93]。土壤耕作促进表层土壤与深层土壤的混合，减少土壤有机质的分层，但是机械扰动破坏了土壤团聚性，使受团聚体保护的有机质易受微生物的作用，进而降低了土壤质量。研究表明，保护性耕作会提高SOC、养分、团聚体稳定性、孔隙度、微生物量、酶活性等多种土壤成分层化率[82]。土壤碳库和氮库层化率是良好的土壤质量指示因子，且不受土壤类型和气候条件的影响，当层化率>2时土壤通常不易退化；同时耕作方式差异造成的有机碳层化率与15～20 cm土层有机碳储量成反比[93]，说明在某些情况下仅凭土壤有机质储量并不能全面评价土壤质量。Sá和Lal[94]在巴西的研究表明，在未扰动的原生态土壤中，所有土壤有机碳库和氮库层化率随土壤深度的增加而增加；相反，在传统耕作中各指标层化率随着土壤深度的增加而降低；免耕处理恢复了各指标层化率，并且比未开垦土壤更高，22 a传统耕作处理表层：深层SOC层化率为1.12～1.51，10～22 a免耕处理为1.6～2.6。Lou等[82]在我国东北试验结果表明，翻耕处理表层：深层SOC层化率为1.2～1.3，而免耕处理为1.5～1.8，主要由于免耕土壤表面秸秆覆盖以及根系分布变化导致表面SOC的累积；与翻耕相比，免耕显著提高0～5 cm：10～20 cm或20～40 cm土层TN层化率和碳氮比层化率，原因和SOC一致，主要取决于作物秸秆的分布位置，并且土壤碳氮比的这种变化表明免耕表层SOC分解有所降低。孙国峰等[95]研究表明，双季稻田长期免耕转换为旋耕或翻耕会降低耕层SOC层化率，主要是耕作促进耕层土壤混合所致。目前关于稻麦轮作区秸秆还田不同方式和年数下土壤有机质层化率的研究较少，尤其是关于TN层化率的研究鲜见报道，相关研究的开展对全面评价秸秆还田对稻麦轮作农田土壤质量的影响具有重要意义。

## 1.2.5　秸秆还田对土壤团聚体碳氮的影响

土壤团聚体是土壤结构的重要组成部分，在土壤有机质的积累和保护、土壤水分和空气状况的优化以及植物养分的储存和利用等过程中发挥着重要作用[96]，大而稳定的团聚体比小而弱的团聚体更不容易被侵蚀。土壤团聚体能够限制微生物对团聚体内SOC的分解利用[97, 98]。Jastrow和Miller[99]研究发现近90%的土壤有机质存在于团聚体颗粒中，仅13%的颗粒有机物游离在团聚体外。土壤团聚体减少了酶和微生物与团聚体内有机碳的接触，限制了气体的扩散，进而降低了团聚体内有机碳的分解强度，孔径更小的微团聚体比大团聚体对有机碳的保护作用更强[100]，而大团聚体中有机碳周转速率更快，更易受到农田管理措施的影响[101]。因此，微团聚体的保护被认为是SOC长期固定的主要机制之一。另外，除了物理隔离，团聚体内矿物质与有机碳的结合还对有机碳起到化学吸附的保护作用。在翻耕土壤中，稳定团聚体的破坏和土壤结构的不稳定导致土壤有机质损失严重，而免耕可以有效减少这一损失[102]。Wang等[103]在双季稻区研究表明，长期秸秆还田显著增加稳定的大团聚体和大团聚体碳含量。大团聚体和微团聚体间的碳储量存在显著差异。随着SOC含量的增加，更多的碳被固定在大团聚体中，免耕显著提高0～5 cm土层大团聚体和有机碳含量。Kan等[104]在华北麦玉两熟区研究表明，免耕秸秆还田增加0～20 cm土层大团聚体比例和0～10 cm团聚体有机碳含量。Onweremadu等[105]研究表明，降低耕作强度有利于提高土壤有机氮在大团聚体中的分布，在2.00～4.75 mm和1.00～2.00 mm团聚体中，少耕土壤有机氮储量分别为1.64 Mg hm$^{-2}$和1.57 Mg hm$^{-2}$，而传统耕作分别为1.01 Mg hm$^{-2}$和1.00 Mg hm$^{-2}$。可见，少免耕能够优化土壤团聚体结构，提高团聚体有机碳、TN含量及有机碳库和氮库水平。

有关稻麦轮作区的研究表明，秸秆还田显著提高了土壤大团聚体数量和稳定性，且随还田年数的增加该趋势更加明显。王峻等[106]基于 3 a 试验结果认为秸秆还田增加了土壤较大团聚体的含量和稳定性；张翰林等[33]认为秸秆还田显著提高了土壤大团聚体数量和稳定性，但是短期（5 a 内）效果不显著；房焕等[24]研究则表明秸秆还田 25 a 后对团聚体分布的影响不显著，相关结果需要进一步研究。张顺涛等[107]研究表明，稻麦轮作农田相同施肥处理下，秸秆还田提高土壤大团聚体对 SOC 和 TN 的贡献率。土壤中新添加的有机碳经历从大团聚体到小团聚体重新分布的过程[108]，在持续秸秆还田的背景下，还田秸秆向土壤输入的碳在团聚体中的分布也应随还田年数的变化而变化。而目前针对稻麦轮作区秸秆还田不同方式和年数对团聚体碳分布的影响研究并不充分，有关团聚体氮的研究较少，且团聚体碳氮分布与作物产量的关系尚不明确。

## 1.2.6　秸秆还田对作物产量的影响

土壤有机质含量是衡量土壤肥力水平的重要指标之一，作为其主要组成，SOC 和氮含量对作物生长产生重要影响。近年来，关于耕作方式和秸秆还田引起土壤碳库和氮库的变化进而影响作物生长的研究逐渐增多。研究表明，在自然禀赋条件较差的农田中，SOC 含量与作物产量呈正相关关系，土壤碳库增加 1 Mg hm$^{-2}$，则小麦增产 20 ~ 40 kg hm$^{-2}$、玉米增产 10 ~ 20 kg hm$^{-2}$ [109, 110]。在冬小麦–夏玉米轮作系统中，免耕与秸秆还田较翻耕提高了有机碳储量及冬小麦和夏玉米产量，且冬小麦和夏玉米产量与有机碳储量之间存在显著正相关关系[111]。在稻麦轮作系统中，少免耕有利于提高 SOC 固存和大团聚体比例，同时提高稻麦产量[112]。在双季稻区，0 ~ 50 cm 有机碳储量和双季稻产量显著正相关，其中 5 ~ 30 cm 各土层有机碳储量起主要影响，并且 5 ~ 10 cm、10 ~ 20 cm HFOC 含量及 20 ~ 30 cm SOC、POC 和 PTN 含量与水稻产量存在显著正相关关系[113]。然而，Wang 等[114]对我国南方双季稻区 13 a 的研究表明，随着耕作年限的增加，SOC 含量经历由快速积累到缓慢波动的过程，并有饱和的趋势，有机碳储量和作物产量并非线性关系，随着 SOC 含量的增加，水稻产量往往先上升然后下降，因此，免耕秸秆还田可以在 SOC 达到饱和之前增加有机碳储量，而在有机碳趋于饱和时将其保持在合理范围内并优化分布，可能比更高的有机碳储量更有利于作物增产。Tian 等[115]研究表明，免耕较耙耕或旋耕显著提高有机碳储量，但是作物产量却有所降低，主要是由免耕土壤紧实及根系生长受限所致，而免耕转换为深松后有机碳储量有所下降，但是作物产量显著提高。王丹丹等[116]研究表明，随着秸秆还田量的增加，土壤易氧化态碳、微生物量碳和POC含量逐渐增加，而水溶性有机碳含量和水稻产量先增加后降低，水稻产量和水溶性有机碳含量存在显著正相关关系。胡乃娟等[117]研究表明，随着秸秆还田量的增加，SOC和稻麦产量均呈先增加后降低的趋势，稻麦产量和SOC、活性有机碳显著相关。可以看出，当初始SOC含量较低时，作物产量随着有机碳储量增加而增加，而当SOC含量较高时，二者可能呈负相关。另外，作物产量并不随着秸秆还田量的增加而持续增加。

氮是作物增产最重要的营养元素，土壤氮素水平对作物产量产生重要影响。研究表明，0~10 cm土层TN含量与作物生物产量和经济产量显著相关（$r=0.94~0.97$，$P \leq 0.05$），秸秆还田增加氮输入进而提高产量，增加土壤氮储量可以改善土壤结构和土壤水–营养–作物生产力之间的关系[118]。Silva等[119]研究亦表明，减少土壤耕作，增加作物残茬覆盖有利于提升土壤氮库水平，进而增加玉米产量。赵士诚等[120]对华北小麦–玉米轮作系统的研究表明，土壤TN及酸解氨基酸态氮、酸解氨态氮和氨基糖态氮含量随着秸秆还田量的增加而增加，秸秆还田提高小麦和玉米产量，且玉米产量随着秸秆还田量的增加而增加，但是他们未对小麦和玉米产量与氮库水平及秸秆还田量的关系进行进一步分析。盖霞普等[19]研究表明，秸秆还田能够增强土壤碳氮库容、提高冬小麦和夏玉米产量，且对土壤累积氮库容的提升效果高于施用有机肥，同时有助于增强土壤氮素固持能力。谭月臣[121]研究表明，秸秆还田较不还田使1 m土体氮库水平显著提高107.9~135.6 kg hm$^{-2}$，免耕和秸秆还田较旋耕和秸秆移除使冬小麦穗数分别增加了7.12%和10.3%，产量分别增加了6.34%和4.33%，并且耕作和秸秆还田对冬小麦产量有交互作用，其中免耕结合秸秆还田比其他耕作方式结合秸秆还田平均增产14.6%。陈金[122]研究表明，秸秆还田显著提高0~10 cm、10~20 cm和20~30 cm土层TN含量、氮储量以及冬小麦产量。薛建福[113]研究表明，20~30 cm土层氮储量与双季稻产量呈显著正相关关系，该土层氮储量每增加1 Mg hm$^{-2}$，水稻产量增加859.2 kg hm$^{-2}$，表层土壤氮库与产量相关性不强可能与表层土壤中较高的养分含量有关。

## 1.2.7 秸秆还田对农田生态系统服务功能价值的影响

生态系统服务功能是指生态系统与生态过程所形成及所维持的人类赖以生存

的自然环境条件与效用。目前国内已开展有关农田生态系统服务功能价值评估的研究，为评估秸秆还田对农田生态系统服务功能价值的影响建立了良好的基础。Yu 等[123]指出生态系统服务的净值可以揭示生态系统的实际收益，对不同土地利用下各种生态系统服务之间的价值进行评估有助于为土地利用政策提供信息。曹兴进[124]基于统计年鉴数据对江苏省农田生态系统的供给服务、调节服务（包括大气、环境质量和水资源调节）、文化服务、支持服务（包括养分循环、土壤保持和生物多样性维护）、社会保障服务（例如提供农村转移劳动力的失业保险）和环境污染等 6 大功能进行了价值评价；谢志坚等[125]基于 8 a 大田定位试验，对紫云英-早稻-晚稻系统的农产品与轻工业原料供给、大气调节、土壤养分累积和水分涵养等生态服务功能进行了价值评估分析。麦田生态系统是最为重要的农田生态系统之一，同样具有生产功能、生态功能和生活功能等[126]，用简单的比较分析或单一指标的描述无法全面、系统地评价麦田生态系统中秸秆还田的优劣。本书基于长期定位试验，采用生态经济学相关方法，建立麦田生态系统服务功能价值评估体系，以秸秆不还田下的麦田为对照，对不同秸秆还田年限下麦田生态系统服务功能价值进行评估，以期多角度、全方位地评价秸秆还田的综合价值。

综上所述，土壤有机碳库和氮库水平与作物产量关系密切，有机碳储量提高对作物增产的作用可能与初始 SOC 水平有关，SOC 组分含量变化也显著影响作物产量。农田管理措施，特别是秸秆还田能够提升土壤碳库氮库水平，对作物产量有重要影响，但是作物产量并不一定随着秸秆还田量的增加而持续增加。然而，现有研究对土壤碳库氮库变化与作物产量的关系还不够全面，有关 SOC 组分与作物产量关系的定量研究不够深入，关于氮组分与作物产量关系的定量研究鲜见报道。深入研究稻麦轮作区秸秆还田不同方式和年数下土壤碳库氮库变化与作物产量的关系，能够为制定有利于提升该区域农田土壤质量及作物高产稳产的秸秆还田措施提供理论依据。

## 1.3　研究意义与主要内容

### 1.3.1　目的意义

在全球广泛关注气候变化以及国内深入实施"藏粮于地、藏粮于技"战略，对粮食安全给予高度关注的背景下，国内外学者对农田土壤质量和碳氮固持以及粮食高产稳产展开了长期大量的研究。但是，目前有关稻麦轮作区土壤碳库氮库变化的研究并不充分，土壤碳库氮库变化与作物产量的关系尚不明确，秸秆不同还田方式和年数对土壤碳库氮库及作物产量的影响尚不清楚，秸秆还田的综合价值仍不明晰。因此，本书以稻麦轮作生产系统为研究对象，基于长期定位试验，系统研究稻麦轮作农田土壤有机碳库和氮库变化，重点分析秸秆不同还田方式和年数下耕层SOC、TN及其组分含量的变化规律，土壤碳氮比及层化率、团聚体碳氮分布、碳氮储量、土壤理化性状和温室气体排放的变化特征，揭示土壤有机碳库和氮库变化对稻麦产量的影响，明确秸秆还田方式和年数对土壤碳氮固存的影响，评估秸秆还田的综合价值，旨在探讨长期秸秆还田和轻简化耕作背景下科学合理的秸秆管理措施，为提高长江中下游平原稻麦轮作区农田土壤碳库和氮库质量、促进稻麦高产稳产提供理论与技术依据。

## 1.3.2　主要研究内容

（1）秸秆还田不同方式和年数下SOC组分变化特征　通过分析秸秆还田不同方式和年数下不同土层SOC、LFOC和HFOC、POC和MOC的分布特点，深入分析不同粒级团聚体有机碳的分布特征，探讨不同粒级团聚体和不同组分有机碳与总有机碳的关系，揭示秸秆还田不同方式和年数下稻麦轮作农田的固碳能力。

（2）秸秆还田不同方式和年数下土壤氮组分变化特征　通过分析秸秆还田不同方式和年数下不同土层土壤TN、LFTN和HFTN、PTN和MTN的分布特点，深入分析不同粒级团聚体中土壤TN分布特征，探讨不同粒级团聚体和不同组分氮与土壤TN的关系，揭示秸秆还田不同方式和年数下稻麦轮作农田的储氮能力。

（3）秸秆还田不同方式和年数对土壤碳氮比和层化率的影响　分析秸秆还田不同方式和年数下不同土层土壤碳氮比和层化率的变化，进而探讨土壤碳库氮库质量的变化。

（4）秸秆还田不同方式和年数对稻麦产量的影响及其与土壤碳库氮库的关系　分析秸秆还田不同方式和年数下SOC和TN及其组分含量、团聚体碳氮分布以及有机碳储量和全氮储量变化对稻麦产量的影响，明确土壤碳氮库变化与稻麦产量的关系。

（5）秸秆还田对麦田生态服务价值的影响　采用生态经济学相关方法，建立麦田生态系统服务功能价值评估体系，以秸秆不还田的麦田为对照，分析不同秸秆还田年限下麦田生态系统服务功能价值的变化，评估秸秆还田的综合价值。

# 第2章 研究区概况及研究方法

## 2.1 长江中下游稻麦轮作区

稻麦轮作是我国重要的种植模式，主要分布于重庆、湖北、江苏、安徽中北部、浙江北部、河南南部、陕西南部、四川东南部、云南东北部、贵州北部和东部等地，其中又以亚热带季风气候的长江中下游平原为主，包括湖北、江苏、上海、安徽中北部、浙江北部等地平原和低缓丘陵地带，具体分布见表2-1。

长江中下游北部地区以稻麦两熟为主，南部以双季稻为主。该区域对稻麦高产的追求导致产生的秸秆量较大，水稻秸秆和小麦秸秆总产量分别占52.28%和21.77%。作为稻麦轮作典型地区，江苏省年均秸秆总产量约4 000万t，其中水稻秸秆占45.8%，小麦秸秆占25.3%，二者还田量分别为6.7~10.0 t hm$^{-2}$和5.4~7.2 t hm$^{-2}$ [127]。随着秸秆禁烧政令的实施，加上秸秆综合利用程度比较低，秸秆直接还田已成为当前稻麦生产过程中秸秆利用的主要方式。

表2-1 长江中下游地区稻麦轮作制度主要分布区域

| 省（直辖市） | 市（县） | | | | | | |
|---|---|---|---|---|---|---|---|
| 安徽省 | 安庆市 | 定远县 | 含山县 | 界首市 | 蒙城县 | 宿州市 | 涡阳县 |
| | 蚌埠市 | 繁昌县 | 合肥市 | 金寨县 | 明光市 | 濉溪县 | 无为县 |
| | 亳州市 | 肥东县 | 和县 | 来安县 | 南陵县 | 太和县 | 芜湖市 |
| | 长丰县 | 肥西县 | 怀宁县 | 利辛县 | 潜山县 | 太湖县 | 芜湖县 |
| | 巢湖市 | 凤台县 | 怀远县 | 临泉县 | 全椒县 | 天长市 | 五河县 |
| | 滁州市 | 凤阳县 | 淮北市 | 灵璧县 | 寿县 | 桐城县 | 萧县 |

（续表）

| 省（直辖市） | 市（县） | | | | | | |
|---|---|---|---|---|---|---|---|
| 安徽省 | 枞阳县 | 阜南县 | 淮南市 | 六安市 | 舒城县 | 铜陵市 | 颍上县 |
| | 当涂县 | 阜阳市 | 霍邱县 | 庐江县 | 泗县 | 铜陵县 | 岳西县 |
| | 砀山县 | 固镇县 | 霍山县 | 马鞍山市 | 宿松县 | 望江县 | |
| 湖北省 | 宜昌以东除崇阳县、通城县、通山县、阳新县外的其他市县 | | | | | | |
| 湖南省 | 安乡县 | 汉寿县 | 澧县 | 南县 | 望城县 | 益阳县 | |
| | 常德市 | 华容县 | 临澧县 | 宁乡县 | 湘阴县 | 沅江县 | |
| | 汨罗市 | 津市市 | 临湘市 | 桃源县 | 益阳市 | | |
| 江苏省 | 全省 | | | | | | |
| 江西省 | 安义县 | 都昌县 | 湖口县 | 乐平市 | 万年县 | 余干县 | |
| | 波阳县 | 丰城市 | 进贤县 | 南昌市 | 新建县 | 余江县 | |
| | 德安县 | 抚州市 | 九江市 | 彭泽县 | 星子县 | 樟树市 | |
| | 东乡县 | 高安市 | 九江县 | 瑞昌市 | 永修县 | | |
| 上海市 | 全市 | | | | | | |
| 浙江省 | 长兴县 | 奉化市 | 湖州市 | 平湖市 | 嵊泗县 | 余杭县 | |
| | 慈溪市 | 海宁市 | 嘉善县 | 上虞市 | 桐乡市 | 余姚市 | |
| | 岱山县 | 海盐县 | 嘉兴市 | 绍兴市 | 萧山市 | 舟山市 | |
| | 德清县 | 杭州市 | 宁波市 | 绍兴县 | 鄞县 | | |

注：表中数据来源于《农用地分等规程》（TD/T 1004—2003），可能存在因行政区划调整、种植制度变化等原因，部分市县名称和种植制度现状与表中内容有出入的情况。

## 2.2　试验方案

为了深入分析稻麦轮作区秸秆还田的生态效应，共设置2个定位试验。其中，秸秆不同还田方式试验位于江苏省泰州市姜堰区河横生态农业科技示范园，秸秆还田不同年数试验位于扬州大学江苏省作物遗传生理重点实验室试验场。试验点概况及试验设计如下。

## 2.2.1　秸秆不同还田方式试验

试验于2013年秋开始在江苏省泰州市姜堰区河横生态农业科技示范园（32°60′N、120°14′E）进行。该区地处长江中下游平原东部，气候属于亚热带季风气候，夏季高温多雨，冬季温和少雨。2016年5月上旬—10月下旬（水稻生育期）总积温4 442.2℃，总日照时数914.8 h，总降水量1 331.2 mm；2017年5月上旬—10月下旬（水稻生育期）总积温4 524.3℃，总日照时数990.3 h，总降水量980.7 mm。试验区土壤为普通简育水耕人为土，土壤质地为重黏土，试验前0～20 cm土层主要养分含量：有机质21.06 g kg$^{-1}$，TN 2.27 g kg$^{-1}$，速效钾119.17 mg kg$^{-1}$，有效磷49.74 mg kg$^{-1}$。该区为我国主要的冬小麦-水稻一年两熟区。

基于长期旋耕农田设置单因素试验，共4个处理。①秸秆少耕还田（Minimum tillage with straw returning，MT）：水稻季免耕，小麦季每2 a浅旋一次，稻麦秸秆全量还田；②旋耕秸秆还田（Rotary tillage with straw returning，RT）：水稻季旋耕，小麦季旋耕，稻麦秸秆全量还田；③翻耕秸秆还田（Conventional tillage with straw returning，CT）：水稻季翻耕，小麦季旋耕，稻麦秸秆全量还田；④翻耕秸秆不还田（Conventional tillage without straw returning，CT0）：水稻季翻耕，小麦季旋耕，稻麦秸秆均不还田。浅旋深度8 cm，旋耕深度11 cm，翻耕深度18 cm。MT处理水稻移栽使用自行研制的2ZF-4B型手扶式免耕插秧机，在插秧机秧爪前方增设了驱动旋转型甩刀刀组，可对插秧处秸秆进行二次粉碎，并具有除茬、松土起浆的作用，设计每行除茬松土宽5 cm，深5 cm。RT、CT、CT0处理水稻移栽使用洋马VP7D型高速插秧机。秸秆还田处理冬小麦秸秆还田量5 200 kg hm$^{-2}$左右，水稻秸秆还田量9 500 kg hm$^{-2}$左右。水稻、小麦均采用联合收割机收获，留茬高度约20 cm。4个处理的作物品种、灌溉、施肥量均相同，冬小麦（11月中旬—翌年6月初）品种为镇麦9号，水稻（6月中旬—10月下旬）品种为南粳9108。冬小麦播种时施用有机肥（主要成分含量：有机质45%，N 2.5%，K 2.5%）1 500 kg hm$^{-2}$，复合肥（主要成分含量：N 15%，P 15%，K 15%）375 kg hm$^{-2}$，分蘖期和拔节期分别施用尿素（主要成分含量：N 46%）150 kg hm$^{-2}$。水稻插秧时施肥种类和数量和小麦播种时相同，分蘖期和拔节期分别施用尿素180 kg hm$^{-2}$。每个小区面积500 m$^2$，每个处理设3个重复。

### 2.2.2　秸秆还田不同年数试验

　　田间试验布置于扬州大学江苏省作物遗传生理重点实验室试验场（32°23′N、119°25′E）。该区地处长江中下游平原，属亚热带季风气候，2016年10月下旬—2017年5月下旬（小麦全生育期）总积温2 519℃，总降水量679 mm，总日照时数1 142 h；2017年10月下旬—2018年5月下旬（小麦全生育期）总积温2 398℃，总降水量445 mm，总日照时数1 261 h。年平均温度13.2～16.0℃，降水量800～1 200 mm。试验地土质为轻壤，试验前0～20 cm土层：土壤容重1.45 g cm$^{-3}$，有机碳含量15.73 g kg$^{-1}$，TN含量1.24 g kg$^{-1}$，有效磷含量16.32 mg kg$^{-1}$，速效钾含量146.12 mg kg$^{-1}$。该区为我国主要的水稻-小麦一年两熟区。

　　该定位试验始于2010年秋，采用完全随机区组设计。2016—2017年设置8个处理：秸秆不还田（No straw returning，NR）、秸秆还田1 a（1 year of straw returning，SR1）、秸秆还田2 a（2 years of straw returning，SR2）、秸秆还田3 a（3 years of straw returning，SR3）、秸秆还田4 a（4 years of straw returning，SR4）、秸秆还田5 a（5 years of straw returning，SR5）、秸秆还田6 a（6 years of straw returning，SR6）、秸秆还田7 a（7 years of straw returning，SR7）；2017—2018年较2016—2017年增加1个处理：秸秆还田8 a（8 years of straw returning，SR8），每个处理重复3次，小区面积为12 m$^2$（4 m×3 m）。水稻收割后将秸秆机械切割成10 cm左右，均匀铺撒于小区内，采用旋耕方式将秸秆混入0～15 cm土层，秸秆还田量为9 000 kg hm$^{-2}$，小麦收获后秸秆不还田。

　　除在秸秆还田年数上存在差异，各处理在其他农田管理措施上均保持一致，且年度间保持一致。小麦生育期总施氮量为240 kg hm$^{-2}$，基肥∶壮蘖肥∶拔节肥∶孕穗肥为5∶1∶2∶2。磷肥（P$_2$O$_5$）和钾肥（K$_2$O）施用量分别为90 kg hm$^{-2}$和150 kg hm$^{-2}$，均按基肥、拔节肥各50%的比例分2次施用。小麦品种为扬辐麦4号。

## 2.3　样品采集与测定项目

### 2.3.1　秸秆不同还田方式试验

　　土样分别于2016年10月和2017年10月水稻收获后采集，分0～5 cm、5～10 cm、10～20 cm 3个土层，每小区采用"S"形采样法取4个重复样品，同一土层的4个重复混合成一个样品，实验室自然风干后去除杂物，过0.25 mm筛，用于土壤有机碳、全氮及碳氮组分含量的测定。土壤容重采用环刀法测定，水稻收获后用体积为100 cm³的环刀，分0~5 cm、5~10 cm、10~15 cm和15~20 cm 4个土层采集原状土样，每个处理取3个重复样品，密封带回实验室，用于容重测定。采集0~20 cm原状土样用于土壤水稳性团聚体测定。

### 2.3.2　秸秆还田不同年数试验

分别于2017年5月和2018年5月小麦收获后采集土样，土壤团聚体样品于2018年5月采集，分0~5 cm、5~10 cm、10~20 cm 3个土层，每小区采用"S"形采样法取4个重复样品，同一土层的4个重复混合成一个样品，实验室自然风干后去除杂物，过0.25 mm筛，用于SOC、TN及碳氮组分含量的测定。土壤容重采用环刀法测定，水稻收获后用体积为100 cm³的环刀，分0~5 cm、5~10 cm、10~15 cm和15~20 cm 4个土层采集原状土样，每个处理取3个重复样品，密封带回实验室，用于容重测定。采集0~20 cm原状土样用于土壤水稳性团聚体测定。

## 2.4　项目测定方法

### 2.4.1　土壤有机碳

SOC用重铬酸钾（$K_2Cr_2O_7$）氧化外源加热法测定[128]；POC采用5 g L$^{-1}$六偏磷酸钠分散法[129]测定，MOC为SOC和POC的差值；LFOC采用密度分组法（1.85 g cm$^{-3}$溴化锌）[130]测定（图2-1），HFOC为SOC和LFOC的差值。SOC层化率通过由0~5 cm土层和>5 cm土层（5~10 cm及10~20 cm）SOC含量之比计算得出[92]。

### 2.4.2　土壤全氮

TN用凯氏消煮法测定[128]；PTN采用5 g L$^{-1}$六偏磷酸钠分散法测定[129]，MTN为TN和PTN的差值；LFTN采用密度分组法（1.85 g cm$^{-3}$）溴化锌测定[130]（图2-1），HFTN为TN和LFTN的差值。土壤TN层化率通过由0~5 cm土层和>5 cm土层（5~10 cm及10~20 cm）土壤TN含量之比计算得出[92]，土壤碳氮比由SOC与TN含量之比计算得出[88]。

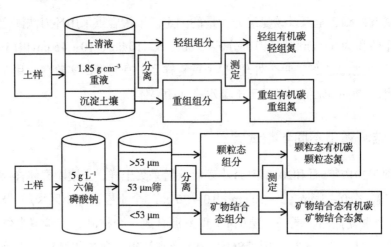

图2-1 土壤有机碳和全氮组分测定方法

### 2.4.3 土壤容重

将土样置于烘箱内，烘干称质量（105℃，24 h），测定土壤容重。

### 2.4.4 变化率

本书以变化率（%）表征土壤碳、氮及其组分对耕作的敏感性，计算方法如下[9]：

$$变化率 = \frac{C_i - C_{i,\mathrm{CT0}}}{C_{i,\mathrm{CT0}}} \times 100\% \qquad (2-1)$$

式中，$i$=1、2、3时，分别表示0~5 cm、5~10 cm、10~20 cm土层；$C_i$为在$i$土层的某处理碳、氮或其组分含量；$C_{i,\mathrm{CT0}}$为在$i$土层的CT0处理相同碳、氮或其组分含量[9]。

### 2.4.5 土壤有机碳或全氮储量的计算

本文采取等质量法[131]计算有机碳或全氮储量，方法如下[132]：

$$M_{element} = \left[ \sum_{i=1}^{n} M_{soil,i} \times conc_i + \left( M_j - \sum_{i=1}^{m} M_{soil,i} \right) \times conc_{extra} \right] \times 0.001 \qquad (2-2)$$

$$M_{soil,i} = \rho_{b,i} \times T_i \times 10\ 000 \qquad (2\text{-}3)$$

式中，$i$=1、2、3时，分别表示0~5 cm、5~10 cm、10~20 cm土层；$M_{element}$为等质量有机碳或全氮储量（Mg hm$^{-2}$）；$M_j$为已确定的相等土壤质量，即$j$=1、2、3时，分别为0~5 cm、5~10 cm、10~20 cm土层不同耕作处理下土壤质量中最大的土壤质量，其相应的$n$取值分别为1、2、3；$M_{soil,i}$为各土层的土壤质量（Mg hm$^{-2}$）；$conc_i$为各土层SOC或TN含量（kg Mg$^{-1}$）；$conc_{extra}$为增加土壤质量部分的SOC或TN含量（kg Mg$^{-1}$）；$\rho_{b,i}$为各土层土壤容重（Mg m$^{-3}$）；$T_i$为各土层土壤厚度（m）[132]。

## 2.4.6　土壤团聚体

土壤水稳性团聚体分离参照Elliott[133]的方法。其中，>0.25 mm的团聚体称为水稳性大团聚体，而<0.25 mm的团聚体称为水稳性微团聚体。

## 2.4.7　农田生态系统服务功能价值评估方法

以稻麦轮作系统麦田为对象，采用市场价格法、影子工程法和机会成本法等生态经济学理论与方法，选取农产品与轻工业原料供给、大气调节、土壤养分累积和水分涵养等评价指标，评估麦田系统一个生产周期内的功能服务价值[125]。由于各类价格参数随着年份的变化而变化，为使评估结果更加科学，本书将2018年设为基准年，依据该年价格指数（Price index，PI）对各类价格进行转化，然后计算各类功能价值。

（1）农产品和轻工业原料供给功能价值　麦田生态系统的主要产品为麦谷和小麦秸秆。2018年我国麦谷最低收购价格为2.30元 kg$^{-1}$；小麦秸秆可以作为造纸等轻工业原料，根据该类原料的市场价格和2018年PI（1.067），得出小麦秸秆价格为81.95元 t$^{-1}$。由于该类产品市场价格明确，故通过市场价格法计算其供给功能价值。

$$V_g = \sum (M_y \times E_y) \qquad (2\text{-}4)$$

式中，$V_g$为农产品与轻工业原料供给功能价值（元 hm$^{-2}$）；$M_y$为麦谷或小麦秸秆产量（kg hm$^{-2}$）；$E_y$为麦谷或小麦秸秆的市场价格（元 kg$^{-1}$）。

（2）大气调节功能服务价值　农田生态系统通过释氧、固定CO$_2$、排放

$CO_2$、$CH_4$和$N_2O$等温室气体以及$SO_2$、$NO_X$、粉尘等污染物来发挥其大气调节功能。根据光合作用方程，植物生长过程中每积累1.00 g干物质可固定$CO_2$ 1.63 g并释放$O_2$ 1.19 g，结合小麦成熟期干物质量可计算出其固定$CO_2$和释放$O_2$的量和价值。

$$V_{CO_2} = E_{CO_2} \times Q \times 1.63 \times N_c \tag{2-5}$$

$$V_{O_2} = E_{O_2} \times Q \times 1.19 \tag{2-6}$$

式中，$V_{CO_2}$为固碳价值（元 $hm^{-2}$）；$E_{CO_2}$为固碳成本（元 $t^{-1}$），取碳税率（瑞典碳税率为150美元 $t^{-1}$，2018年美元兑换人民币平均汇率6.617 4，折合人民币992.61元 $t^{-1}$）和造林成本法（PI：0.989，计258.03元 $t^{-1}$）的平均值625.32元 $t^{-1}$；$Q$为农田作物生物量（kg $hm^{-2}$）；$N_c$为$CO_2$含碳量（27.3%）；$V_{O_2}$为释氧价值（元 $hm^{-2}$）；$E_{O_2}$为释放$O_2$的成本（元 $t^{-1}$），取造林成本法（PI：0.989，计349.05元 $t^{-1}$）和工业制氧成本（PI：1.046，计418.40元 $t^{-1}$）的平均值383.725元 $t^{-1}$。

农田系统在固定$CO_2$的同时，作物和土壤呼吸等活动所排放的$CO_2$、$CH_4$和$N_2O$是大气中温室气体的重要组分。由于在100 a时间尺度上$CH_4$和$N_2O$的全球增温潜势分别为$CO_2$的25倍和298倍[134]，因此将麦田$CH_4$和$N_2O$排放量换算为等增温效应的$CO_2$量。由于温室气体排放对环境产生负效应，其功能服务价值表示为负值。

$$V_{a1} = (F_{CH_4} \times 25 + F_{N_2O} \times 298 + F_{CO_2}) \times E_{CO_2} \times N_c \tag{2-7}$$

式中，$V_{a1}$为温室气体排放的负价值（元 $hm^{-2}$），$F_{CH_4}$、$F_{N_2O}$和$F_{CO_2}$分别为$CH_4$、$N_2O$和$CO_2$的累积排放量（kg $hm^{-2}$）。

本书将秸秆不还田处理的秸秆处理方式视为焚烧，秸秆焚烧会释放$SO_2$、$NO_X$、粉尘等污染物和$CO_2$，而秸秆还田处理$CO_2$排放量已包含在温室气体排放中，且秸秆采用旋耕还田的方式与土壤混为一体，秸秆中释放的氮、硫等物质直接进入土壤中参加相关反应，故暂将秸秆还田处理的污染物排放视为0。根据李莉莉等[135]的研究结果，水稻秸秆焚烧释放的各种污染气体量分别为：$SO_2$ 0.9 g $kg^{-1}$、$NO_X$ 3.1 g $kg^{-1}$、粉尘（以$PM_{2.5}$和$PM_{10}$之和计算）18.78 g $kg^{-1}$，$CO_2$排放量为1 460 g $kg^{-1}$。依据《森林生态系统服务功能评估规范》，结合PI（1.046），$SO_2$、$NO_X$和粉尘的治理成本分别为1 255.20元 $t^{-1}$、658.98元 $t^{-1}$和

156.90元 $t^{-1}$。由于污染物和$CO_2$排放对环境产生负效应，其带来的功能服务价值表示为负值。

$$V_{a2} = D \times M \times E_d + V_{a3} \tag{2-8}$$

式中，$V_{a2}$为秸秆焚烧污染物和$CO_2$排放的负价值（元 $hm^{-2}$）；$D$为污染物排放量（$g\,kg^{-1}$）；$M$为秸秆还田量（$t\,hm^{-2}$）；$E_d$为各项空气污染物的治理成本（元 $kg^{-1}$）；$V_{a3}$为秸秆焚烧排放$CO_2$的价值，其计算方法参考式（2-4）。

因此，秸秆还田的大气调节功能总价值为：

$$V_a = V_{CO_2} + V_{O_2} + V_{a1} + V_{a2} \tag{2-9}$$

（3）土壤养分累积功能服务价值　由于试验设置前农田土壤含有部分养分物质，故本书中养分的累积量是与试验设置前农田基础土壤养分含量相比的增长量。依据《森林生态系统服务功能评估规范》中的有机质和化肥价格，结合PI（1.074），得出各养分单价为：有机质343.68元 $t^{-1}$，N 1 132.74元 $t^{-1}$，$P_2O_5$ 2 894.75元 $t^{-1}$，$K_2O$ 3 937.93元 $t^{-1}$。由于土壤养分无法直接进行市场交易，故采用机会成本法，用含等量物质的肥料的市场价值代替土壤有机质、全氮、有效磷和速效钾的价值：

$$V_N = \rho \times B \times \sum (N_1 \times E_n) \tag{2-10}$$

式中，$V_N$为土壤养分累积功能价值（元 $hm^{-2}$）；$\rho$为耕层（0.20 m）土壤容重（$g\,cm^{-3}$）；$B$和$N_1$分别为单位面积耕层土壤体积（$m^3\,hm^{-2}$）和养分累积量（$g\,g^{-1}$）；$E_n$为养分价格（元 $t^{-1}$）。

（4）水分涵养功能服务价值　农田生态系统的水分涵养功能主要通过土壤实现。秸秆还田能改善土壤物理性状，提高土壤含水量，进而可能提高土壤的蓄水能力。依据《森林生态系统服务功能评估规范》中的水库建设单位库容投资，结合PI（1.072），得出水库建造成本为6.55元 $t^{-1}$。由于土壤水无法直接进行市场交易，故采用影子工程法，根据水库建造成本计算水分涵养功能价值：

$$V_w = \theta_f \times h \times \rho_w \times E_w \times 10 \tag{2-11}$$

式中，$V_w$为水分涵养功能价值（元 $hm^{-2}$）；$\theta_f$为土壤饱和含水率；$h$为耕层土壤厚度（0.20 m）；$\rho_w$为水的密度（1 000 kg $m^{-3}$）；$E_w$为水库建造单位库容投资成本（元 $t^{-1}$）。

　　农田生态系统服务功能价值评估中所需的价格、PI数据分别来源于《森林生态系统服务功能评估规范》（LY/T 1721—2008）和《中国统计年鉴2019》。

## 2.5　数据分析

　　采用SPSS17.0软件进行统计分析，用单因素方差分析对变量进行显著性差异分析，相关性分析中相关性大小采用皮尔逊相关系数表示。

# 第3章　稻麦轮作农田土壤碳组分对
# 秸秆还田方式的响应

SOC是土壤有机质的重要组分，与土壤结构稳定、作物高产及稳产性等密切相关。不合理的农业管理措施将导致农田SOC含量降低，但是60%～70%已损失的SOC可以通过有机物归还、降低耕作强度等管理措施重新被土壤固定[17]。少免耕可以减少因耕作造成的SOC损失，秸秆还田能够向土壤输入额外有机碳，二者结合被认为是农田固碳减排最有效的措施之一[136, 137]。长江中下游平原是我国重要粮食产区之一，该区秸秆还田方式对土壤碳库变化的影响仍不清楚。如何构建合理的秸秆还田措施，提升土壤碳库质量，提高稻麦轮作农田固碳水平，对于促进本区域农业可持续发展具有重要意义。本章通过比较分析秸秆少耕还田、旋耕还田、翻耕还田及不还田4种处理下耕层SOC及其组分含量、层化率、团聚体结构和各粒级团聚体中有机碳分布，以及有机碳储量的差异，阐明秸秆还田方式对土壤有机碳库的影响，为该区农田土壤碳库管理及制定合理的秸秆还田措施提供理论依据。

## 3.1　土壤容重

0～20 cm不同土层各处理土壤容重如图3-1所示。2016年，随着土壤深度的增加，各处理土壤容重总体呈上升趋势，且处理间差异显著。与CT0、CT和RT相比，MT显著提高0～10 cm土层容重（$P<0.05$），其中0～5 cm土层容重表现为MT>CT0>RT>CT，MT较CT0、RT和CT分别提高了8.14%、11.18%和17.71%，5～10 cm土层容重由大到小依次为MT>CT0>CT>RT，MT较CT0、CT和RT分别提高了3.95%、5.46%和16.60%。RT、CT较CT0明显降低了0～10 cm的土壤容重，0～5 cm土层RT和CT分别较CT0下降了2.74%和8.14%，5～10 cm土层则分别下降了10.85%和1.43%。分析认为，各处理中MT处理对土壤的扰动强度最低，导致其0～10 cm土层容重最高。10～15 cm和15～20 cm土层容重均以CT处理最低，但是各处理间差异不显著。各土层CT容重均低于CT0，说明机械耕作促进了秸秆与土壤的混合，降低了土壤容重。

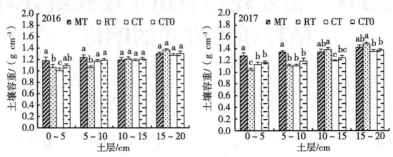

注：MT，秸秆少耕还田；RT，秸秆旋耕还田；CT，秸秆翻耕还田；CT0，翻耕秸秆不还田。误差线上方不同的小写字母表示同一土层不同处理间差异达显著水平（$P<0.05$）。下同。

**图3-1　秸秆还田方式各处理不同土层的土壤容重**

2017年各处理0～10 cm土层容重和2016年呈现相似特征，均以MT处理最高，0～5 cm和5～10 cm土层容重均表现为MT>CT0>CT>RT，其中0～5 cm土层MT较CT0提高了9.69%，5～10 cm土层提高12.59%，但是0～5 cm土层RT处理容重低于CT。RT、CT较CT0明显降低了0～10 cm土层的土壤容重，0～5 cm土层RT、CT较CT0分别下降了11.15%和2.92%，5～10 cm土层则分别下降了7.05%和6.80%。10～15 cm和15～20 cm土层容重均以CT最低，表现为RT>MT>CT0>CT，其中CT和CT0显著低于RT，其原因和翻耕处理耕作深度为18 cm有关。和2016年相似，各土层CT处理容重均低于CT0。

综上所述，MT显著提高表层0～5 cm和5～10 cm土层容重，主要由于其较低的耕作深度和频率导致其对土壤的扰动强度较低。RT处理5～10 cm土层容重最低，CT在10～15 cm和15～20 cm土层容重最低，主要与其耕作深度（RT耕深11 cm，CT耕深18 cm）有关。CT处理0～20 cm各土层容重均高于CT0，说明秸秆还田有利于降低土壤容重。

## 3.2　土壤有机碳及其组分含量

### 3.2.1　土壤有机碳含量和层化率

秸秆还田不同方式下耕层（0～20 cm）SOC含量如图3-2所示。2016年，随着土壤深度的增加，各处理SOC含量均呈下降趋势，不同土层各处理SOC含量由大到小依次为，0~5 cm土层：MT>RT>CT>CT0，5~10 cm土层：MT>RT>CT>CT0，10~20 cm土层：CT>RT>MT>CT0。MT显著增加了0~5 cm土层SOC含量（$P<0.05$），比RT、CT和CT0提高4.02%~16.31%。与CT0相比，RT显著提高了5~10 cm和10~20 cm土层SOC含量，CT显著提高了10~20 cm土层SOC含量。5~10 cm和10~20 cm土层MT处理SOC含量与其他各处理之间的差异均不显著。秸秆还田对各土层SOC含量影响显著（$P<0.05$），0~5 cm、0~10 cm和0~20 cm土层CT的SOC含量分别比CT0提高6.64%、9.14%和13.19%。

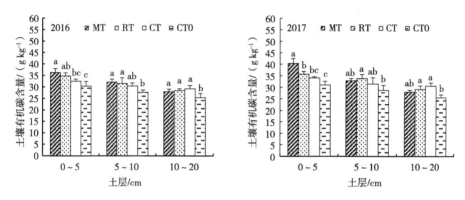

图3-2　秸秆还田方式各处理不同土层有机碳含量

2017年，各处理SOC含量亦随土壤深度加深而下降，不同土层各处理SOC含量由大到小依次为，0~5 cm土层：MT>RT>CT>CT0，5~10 cm土层：RT>MT>CT>CT0，10~20 cm土层：CT>RT>MT>CT0。MT处理显著（$P<0.05$）增加了0~5 cm SOC含量，较RT、CT和CT0提高4.19%~30.09%。5~10 cm土层SOC含量RT处理最高，比MT、CT和CT0提高2.92%、7.58%和18.02%；10~20 cm土层SOC含量CT处理最高，分别比MT、RT和CT0提高9.26%、4.75%和19.95%。秸秆还田对各土层SOC含量影响显著，0~5 cm、0~10 cm和0~20 cm土层SOC含量CT处理分别比CT0提高了9.88%、9.71%和19.95%（$P<0.05$）。

综上所述，随着土壤深度的增加，各处理SOC含量均逐渐下降。MT处理显著（$P<0.05$）提高0~5 cm土层SOC含量，2017年RT处理5~10 cm土层SOC含量高于其他处理，2016年略低于MT，高于CT和CT0。10~20 cm土层SOC含量CT处理最高，各处理在不同土层SOC含量所表现出的差异，主要是各处理耕作深度

的不同导致相应土层秸秆与土壤的混合从而改变SOC含量。MT秸秆主要覆盖于表层，其0～5 cm土层SOC含量最高；RT耕深11 cm，增加了5～10 cm土层SOC含量；CT耕深18 cm，增加了10～20 cm土层SOC含量。5～10 cm土层SOC含量MT和RT在年度间表现规律不同，可能是由MT隔年浅旋一次这种耕作方式所致。各土层CT0 SOC含量均低于CT处理，说明秸秆还田可以有效提高SOC含量。

如图3-3所示，各处理0～5 cm：5～10 cm SOC含量层化率均低于0～5 cm：10～20 cm，主要是由于随着土壤深度的增加，SOC含量逐渐降低。2016年，0～5 cm：5～10 cm和0～5 cm：10～20 cm SOC层化率均以MT最高，RT次之，CT0再次之，CT最低。与其他处理相比，MT 0～5 cm：5～10 cm SOC层化率提高2.12%～16.59%，0～5 cm：10～20 cm提高1.95%～21.20%。分析认为，MT处理SOC层化率最高主要是因为其秸秆主要分布于表层导致其0～5 cm土层SOC含量较高，进而导致较高的层化率。CT处理层化率最低是由于其表层SOC含量较低，且耕深较深，导致其5～10 cm和10～20 cm土层SOC含量较高。CT0处理层化率高于CT主要是因为其秸秆未还田，不同土层SOC含量差异较小。

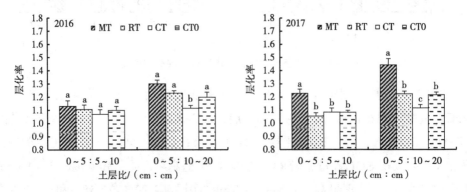

图3-3　秸秆还田方式各处理土壤有机碳含量层化率

2017年，MT处理0～5 cm：5～10 cm和0～5 cm：10～20 cm SOC层化率均显著（$P<0.05$）高于其他处理，比其他处理提高13.27%～29.35%和13.91%～49.10%，较2016年有所提高，进一步说明秸秆表层覆盖导致其0～5 cm土层SOC富集。0～5 cm：10～20 cm SOC层化率以CT最低，和2016年相似，而0～5 cm：5～10 cm SOC层化率CT略高于RT和CT0，年度间存在差异，主要是因为CT处理5～10 cm土层SOC含量较0～5 cm土层显著降低，而RT和CT0在这两个土层SOC含量差异不大。

综上所述，MT处理0~5 cm：5~10 cm和0~5 cm：10~20 cm SOC层化率均高于其他处理，且在2017年差异显著（$P<0.05$），主要是其秸秆主要分布于土壤表层所致。CT0处理各层的层化率均高于CT处理，说明秸秆翻耕还田能够提高深层SOC含量，进而降低SOC层化率。可见，秸秆的分布位置显著影响SOC层化率。

## 3.2.2　土壤轻组有机碳与重组有机碳含量和分配比例

结果表明，土壤LFOC含量随着土壤深度的增加而下降（图3-4）。2016年，0~5 cm土层LFOC含量MT较RT、CT和CT0分别增加了7.97%、21.90%和75.48%，其中与CT和CT0差异显著（$P<0.05$）。5~10 cm和10~20 cm土层LFOC含量由大到小依次为RT>CT>MT>CT0和CT>MT>RT>CT0，但是这两个土层LFOC含量MT、RT、CT处理间差异不显著，CT0则显著低于其他处理。分析认为，MT对土壤扰动较低，减缓了LFOC这一活性有机碳组分的分解，同时秸秆主要分布于表层土壤，增加了这一土层的有机质输入量，从而提高了LFOC的含量。随着土壤深度的增加，MT处理LFOC含量快速下降，和有机质输入量的大幅降低有关。RT、CT处理耕作深度逐渐增加，促进了相应土层土壤与秸秆的混合，从而提高了对应土层LFOC含量。各土层LFOC含量CT0处理均显著低于CT（$P<0.05$），其中0~5 cm、5~10 cm和10~20 cm土层LFOC含量CT0较CT分别降低了43.96%、56.90%和50.66%，说明秸秆还田在向土壤输入大量有机质的同时，可以显著提高LFOC含量。

2017年，MT处理0~5 cm土层LFOC含量比RT、CT和CT0显著提高25.44%、40.71%、80.25%。5~10 cm和10~20 cm土层LFOC含量分别以RT、CT最高，由大到小依次为RT>CT>MT>CT0和CT>MT>RT>CT0，MT、RT、CT之间差异不显著。各土层LFOC含量CT0均显著低于CT（$P<0.05$），其中0~5 cm、5~10 cm和10~20 cm土层LFOC含量CT0较CT分别降低了28.10%、53.61%和52.01%，年度间规律相似。

结果还表明，土壤HFOC含量亦随着土壤深度的增加而下降。2016年，0~5 cm和5~10 cm土层HFOC含量MT处理最高，由大到小依次为MT>RT>CT>CT0，其中0~5 cm土层HFOC含量MT较RT、CT和CT0分别提高3.16%、8.93%和9.54%，5~10 cm土层则分别增加3.53%、7.77%和10.42%。10~20 cm土层HFOC含量大小顺序为CT>RT>MT>CT0，CT、RT、MT之间差异不显著。各土层CT0处理HFOC含量均低于CT，其中0～5 cm、5～10 cm和10～20 cm土层CT0处理HFOC含量较CT分别降低了0.56%、2.47%和9.82%。2017年，0～5 cm土层HFOC含量MT显著高于其他处理（$P<0.05$），较RT、CT和CT0分别增加了9.97%、13.25%和20.48%。5～10 cm和10～20 cm土层HFOC含量分别以RT和CT最高，0～5 cm、5～10 cm和10～20 cm土层HFOC含量CT0较CT分别降低了6.39%、2.38%和15.03%。分析认为，HFOC相对稳定，受农事操作影响相对较小，其含量主要受总有机碳含量影响，秸秆还田与否及还田深度对不同土层HFOC含量影响较大。

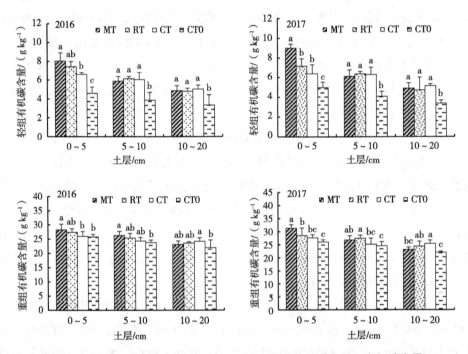

图3-4　秸秆还田方式各处理0～20 cm土层轻组有机碳和重组有机碳含量

土壤轻组组分和LFOC分配比例如表3-1所示，各处理土壤轻组组分占全土比例为1.29%～3.97%，但LFOC占SOC比例达13.16%～22.28%，表明轻组组分中SOC含量较高。秸秆还田方式对轻组组分分配比例影响显著，秸秆还田条件下，0～5 cm和5～10 cm土层轻组组分分配比例MT处理显著高于其他处理，10～20 cm土层RT处理最高，MT次之，CT最低，主要因为MT处理耕作深度和频率最低，对土壤团粒结构破坏最小，有利于保护土壤轻组组分；RT耕深11 cm，对10～20 cm土层扰动也较低，同时其秸秆可以到达该土层上层，导致其10～20 cm轻组组分比例高于其他处理。CT0处理各土层轻组组分分配比例均显著低于其他处理，与其较高的耕作强度和频率对土壤团粒结构的破坏，以及秸秆未还田，土壤颗粒聚合成团聚体的能力相对不足密切相关。秸秆还田方式对LFOC分配比例影响显著，0～5 cm土层LFOC占比2016年MT显著高于CT和CT0，2017年则显著高于RT、CT和CT0（$P<0.05$）。5～10 cm土层LFOC占比CT处理最高，10～20 cm土层LFOC占比MT处理最高，但MT、RT、CT处理之间无显著差异，CT0处理各土层LFOC占比均显著低于其他处理（$P<0.05$）。分析认为，MT处理0～5 cm土层LFOC占比最高，表明MT处理有利于提高SOC中LFOC的比例，原因主要为MT处理较低的耕作频率有利于减缓LFOC的分解。各土层秸秆还田处理LFOC分配比例均显著高于不还田处理，说明秸秆还田有利于提高SOC中LFOC的比例，主要由于秸秆腐解后产生的腐殖质及进一步分解产生的有机质中LFOC含量较高。

表3-1　秸秆还田方式各处理土壤有机碳组分分配比例　　　　单位：%

| 土层 | 处理 | 2016 | | | | 2017 | | | |
|---|---|---|---|---|---|---|---|---|---|
| | | 轻组 | 轻组碳 | 颗粒组 | 颗粒态碳 | 轻组 | 轻组碳 | 颗粒组 | 颗粒态碳 |
| 0～5 cm | MT | 3.86a | 22.16a | 46.92a | 52.37a | 3.97a | 22.28a | 47.70a | 53.18a |
| | RT | 3.12b | 21.39ab | 44.87ab | 51.64a | 3.05b | 20.08b | 44.01ab | 50.53ab |
| | CT | 2.86b | 20.28b | 42.91bc | 51.24a | 2.40c | 18.74b | 43.26bc | 48.17b |
| | CT0 | 2.17c | 15.09c | 41.64c | 47.48b | 2.00d | 16.08c | 41.37c | 42.94c |
| 5～10 cm | MT | 2.41a | 18.29a | 43.16a | 48.20a | 2.44a | 18.60a | 43.40a | 48.82a |
| | RT | 2.22b | 19.47a | 42.41a | 48.59a | 2.20b | 18.84a | 42.38a | 47.32a |
| | CT | 2.29ab | 19.89a | 43.52a | 50.03a | 2.32ab | 20.04a | 43.63a | 46.75a |
| | CT0 | 1.71c | 13.95b | 37.88b | 43.36b | 1.64c | 14.31b | 38.76b | 42.63b |
| 10～20 cm | MT | 1.79b | 17.36a | 39.53a | 45.20a | 1.84ab | 17.52a | 40.08a | 44.84ab |
| | RT | 2.08a | 16.92a | 39.43a | 45.14a | 2.00a | 16.21a | 38.82ab | 45.73a |
| | CT | 1.71b | 17.21a | 40.16a | 45.20a | 1.78b | 16.87a | 39.40ab | 46.23a |
| | CT0 | 1.29c | 13.16b | 36.76b | 40.57b | 1.36c | 13.31b | 37.24b | 41.15b |

注：表中同一列的不同小写字母表示同一土层内不同处理间差异显著（$P<0.05$），下同。轻组、颗粒组分配比例为二者占全土的比例；轻组碳、颗粒态碳分配比例为二者占土壤全碳的比例。下同。

综上所述，土壤LFOC含量和HFOC含量变化规律和SOC含量变化规律较为一致，均随着土壤深度的增加而降低。MT提高0~5 cm土层LFOC和HFOC含量，5~10 cm和10~20 cm土层LFOC和HFOC含量则分别以RT和CT最高（除2016年HFOC含量）。分析认为，MT、RT和CT处理耕作深度不同，促进了不同土层秸秆与土壤的混合，从而改变不同土层的有机碳供给量，进一步影响各土层土壤LFOC和HFOC含量。同时，MT处理0~5 cm土层LFOC分配比例最高也说明，耕作频率的降低可能会减小土壤LFOC的分解。CT处理各土层LFOC和HFOC含量均高于CT0处理，说明秸秆还田可以显著增加LFOC和HFOC含量。

### 3.2.3　土壤颗粒态碳和矿物结合态碳含量和分配比例

如图3-5所示，随着土壤深度的增加，土壤POC含量逐渐下降。2016年，0~5 cm土层POC含量以MT处理最高，且显著高于CT和CT0，MT较RT、CT和CT0分别提高5.66%、14.01%和31.80%。5~10 cm土层POC含量由大到小依次为MT>RT>CT>CT0，10~20 cm土层为CT>RT>MT>CT0，但这两个土层MT、RT、CT间差异不显著。分析认为，MT对土壤扰动较低，有利于土壤颗粒的形成，同时秸秆主要分布于表层土壤，增加了这一土层的有机质输入量，二者共同提高了POC的含量。随着土壤深度的增加，MT处理POC含量快速下降，这和SOC含量快速降低有关。RT、CT处理耕作深度逐渐增加，提高了相应土层土壤与秸秆的混合，从而提高了对应土层POC含量。各土层CT0处理POC含量均显著低于CT（$P<0.05$），其中0~5 cm、5~10 cm和10~20 cm土层的POC含量，CT0较CT分别降低了15.61%、27.01%和28.34%，说明秸秆还田向土壤输入有机质，显著提高了POC含量。

2017年，0~5 cm土层POC含量MT处理显著高于其他处理，MT较RT、CT和CT0分别增加了19.02%，30.72%和61.12%。5~10 cm和10~20 cm土层POC含量由大到小依次为MT>RT>CT>CT0和CT>RT>MT>CT0，但是5~10 cm土层MT、RT和CT之间差异不显著，10~20 cm土层CT和RT之间、RT和MT之间差异不显著。各土层POC含量CT0均显著低于CT（$P<0.05$），0~5 cm、5~10 cm和10~20 cm土层POC含量CT0较CT分别降低了23.26%、20.29%和34.77%（$P<0.05$），年度间规律相似。

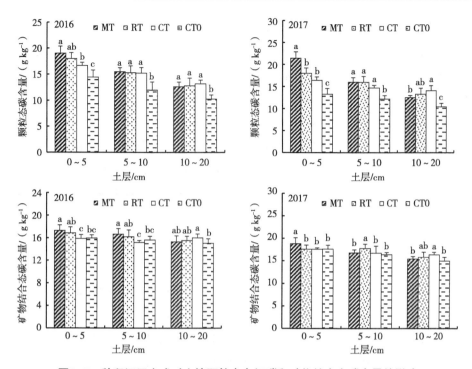

**图3-5　秸秆还田方式对土壤颗粒态有机碳和矿物结合态碳含量的影响**

　　土壤MOC含量亦随着土壤深度的增加而降低。0～5 cm土层以MT处理最高，且2016年显著高于CT和CT0，2017年显著高于其他各处理。2016年MT较RT、CT和CT0处理MOC含量分别增加2.62%、8.98%和8.36%，2017年增加了7.01%、6.94%和6.74%。5～10 cm土层MOC含量2016年MT>RT>CT0>CT，2017年RT>MT>CT>CT0。10～20 cm土层MOC含量均以CT最高，由大到小依次为CT>RT>MT>CT0。部分土层土壤MOC含量CT和CT0之间差异不显著，甚至低于CT0（2016年5～10 cm土层）。分析认为，主要原因是秸秆腐解后产生的有机碳主要以POC形式存在，且秸秆还田促进了土壤颗粒的形成，促使部分SOC进入土壤颗粒中形成POC，从而降低了MOC含量。

　　如表3-1所示，土壤颗粒态组分占全土比例为36.76%～47.70%，POC占SOC比例为40.57%～53.18%，说明颗粒态组分中SOC含量相对较高，但其低于轻组组分中SOC含量；POC占比高于LFOC占比。秸秆还田方式对POC分配比例影响显著，0～5 cm土层POC占比MT最高，其中2017年MT显著高于CT和CT0（P<0.05），分别比RT、CT和CT0提高5.26%、10.14%和23.85%。5～10 cm、10～20 cm土层POC分配比例MT、RT和CT之间差异不显著，但均显著高于CT0（P<0.05）。分析认

为，MT提高0~5 cm土层POC分配比例，说明MT有利于SOC向POC分配，主要原因是MT处理较低的耕作强度和频率有利于土壤颗粒的形成。各土层CT处理POC分配比例均高于CT0，主要是因为秸秆腐解后产生的腐殖质等物质有利于土壤颗粒形成，同时还田秸秆向土壤输入的有机质主要进入颗粒组中。

综上所述，土壤POC和MOC变化规律和SOC较为一致，MT提高0~5 cm土层POC和MOC含量，CT提高10~20 cm土层POC和MOC含量，而各处理5~10 cm土层POC和MOC含量变化规律不尽一致。MT较低的耕作强度和频率有利于土壤颗粒的形成，从而提高POC分配比例；秸秆还田有利于土壤颗粒的形成以及POC含量的增加。

相关性分析表明（表3-2），2016年LFOC、HFOC和SOC含量之间的皮尔逊相关系数分别为0.960和0.976（$P<0.01$），2017年为0.973和0.990（$P<0.01$），说明二者均可作为指示SOC变化的指标，且HFOC与SOC的相关性高于LFOC，主要是因为LFOC含量低且易分解，不同处理和土层间差异较大，而HFOC含量高且较为稳定，不同处理和土层间变化率和SOC较为接近。2016年POC、MOC含量和SOC含量之间的皮尔逊相关系数分别为0.992和0.880（$P<0.01$），2017年为0.989和0.925（$P<0.01$），说明二者均可作为指示SOC变化的指标，且POC的相关性高于MOC。

表3-2　土壤有机碳及其各组分含量之间的皮尔逊相关系数

| 因子 | 2016 | | | | | 2017 | | | | |
| --- | --- | --- | --- | --- | --- | --- | --- | --- | --- | --- |
| | SOC | LFOC | HFOC | POC | MOC | SOC | LFOC | HFOC | POC | MOC |
| SOC | 1 | | | | | 1 | | | | |
| LFOC | 0.960** | 1 | | | | 0.973** | 1 | | | |
| HFOC | 0.976** | 0.876** | 1 | | | 0.990** | 0.931** | 1 | | |
| POC | 0.992** | 0.972** | 0.953** | 1 | | 0.989** | 0.983** | 0.968** | 1 | |
| MOC | 0.880** | 0.769** | 0.917** | 0.812** | 1 | 0.925** | 0.845** | 0.948** | 0.860** | 1 |

注：**代表相关性达极显著水平（$P<0.01$）。下同。

## 3.2.4　土壤有机碳及其各组分含量变化率

表3-3为不同土层各处理SOC及其组分含量较CT0处理的变化情况，

可以看出，除了MOC，SOC及其他有机碳组分含量变化率均为正值。各处理SOC变化率为7.11% ~ 30.09%，LFOC变化率为28.10% ~ 80.25%，HFOC变化率为0.56% ~ 20.48%，POC变化率为15.61% ~ 61.12%，MOC变化率为−2.91% ~ 9.59%，表明在0 ~ 20 cm各土层中，土壤LFOC的变化率均高于SOC、HFOC、POC和MOC，对秸秆还田方式表现出了最高的敏感性，其次为POC，HFOC和MOC的敏感度较低。0 ~ 5 cm土层SOC和各组分变化率均以MT最高，5 ~ 10 cm土层以RT最高（2016年HFOC和2017年POC除外），10 ~ 20 cm土层以CT最高。相关性分析表明，2016年SOC变化率和LFOC、HFOC、POC、MOC变化率均极显著相关（$P<0.01$），其中与POC变化率相关性最高，皮尔逊系数为0.958，其次为LFOC（$r=0.933$）。2017年SOC变化率和LFOC、HFOC、POC变化率均极显著相关（$P<0.01$），其中与LFOC变化率相关性最高，皮尔逊系数为0.924，其次为POC（$r=0.908$），最后为HFOC（$r=0.825$）。MOC变化率和SOC变化率相关性不显著（$P>0.05$）。

表3-3　秸秆还田方式对土壤有机碳及其组分变化率的影响　　　　单位：%

| 土层 | 处理 | 2016 | | | | | 2017 | | | | |
|---|---|---|---|---|---|---|---|---|---|---|---|
| | | 有机碳 | 轻组碳 | 重组碳 | 颗粒态碳 | 矿物结合态碳 | 有机碳 | 轻组碳 | 重组碳 | 颗粒态碳 | 矿物结合态碳 |
| 0 ~ 5 cm | MT | 19.49 | 75.48 | 9.54 | 31.80 | 8.36 | 30.09 | 80.25 | 20.48 | 61.12 | 6.74 |
| | RT | 14.69 | 62.53 | 6.18 | 24.74 | 5.60 | 14.67 | 43.70 | 9.56 | 35.36 | −0.24 |
| | CT | 7.11 | 43.96 | 0.56 | 15.61 | −0.57 | 9.79 | 28.10 | 6.39 | 23.26 | −0.19 |
| | CT0 | 0.00 | 0.00 | 0.00 | 0.00 | 0.00 | 0.00 | 0.00 | 0.00 | 0.00 | 0.00 |
| 5 ~ 10 cm | MT | 16.29 | 52.44 | 10.42 | 29.27 | 6.35 | 15.05 | 49.02 | 8.93 | 31.31 | 2.30 |
| | RT | 13.97 | 59.07 | 6.66 | 27.73 | 3.44 | 18.02 | 55.33 | 11.79 | 31.00 | 8.38 |
| | CT | 10.06 | 56.90 | 2.47 | 27.01 | −2.91 | 14.51 | 53.61 | 2.38 | 20.29 | 1.84 |
| | CT0 | 0.00 | 0.00 | 0.00 | 0.00 | 0.00 | 0.00 | 0.00 | 0.00 | 0.00 | 0.00 |
| 10 ~ 20 cm | MT | 10.22 | 45.42 | 4.89 | 22.79 | 1.64 | 9.88 | 44.53 | 4.45 | 19.64 | 2.91 |
| | RT | 11.92 | 43.87 | 7.07 | 24.53 | 3.31 | 9.71 | 39.47 | 10.68 | 27.27 | 5.60 |
| | CT | 15.19 | 50.65 | 9.82 | 28.34 | 6.21 | 19.95 | 52.01 | 15.03 | 34.77 | 9.59 |
| | CT0 | 0.00 | 0.00 | 0.00 | 0.00 | 0.00 | 0.00 | 0.00 | 0.00 | 0.00 | 0.00 |
| 皮尔逊相关系数 | | | 0.933** | 0.914** | 0.958** | 0.781** | | 0.924** | 0.825** | 0.908** | 0.547ns |

注：ns代表相关性不显著（$P>0.05$）。

综上所述，由于LFOC变化率在各有机碳组分中最高，并且与有机碳变化率极显著相关，相关系数2016年略低于POC，2017年为各组分中最高，说明其是反映SOC含量受秸秆还田方式影响的最佳指标，其次为POC。

## 3.3　土壤团聚体结构及团聚体有机碳分布

秸秆还田不同方式处理的土壤团聚体分布情况如表3-4所示，可以看出，>2 mm、0.25~2 mm、0.053~0.25 mm和<0.053 mm团聚体含量分布为30.22%~43.97%、31.99%~37.41%、15.74%~19.15%和8.30%~13.22%。各处理团聚体以>0.25 mm大团聚体为主，占67.63%~75.96%。不同处理土壤水稳性团聚体分布有显著差异。MT、RT、CT处理中>2 mm团聚体占全土的比例最高，分别为43.97%、39.03%、38.72%，CT0处理则是0.25~2 mm团聚体比例最高，为37.41%。>2 mm粒级团聚体比例MT处理最高，较RT、CT和CT0分别提高12.65%、13.55%和45.50%，差异均显著（P<0.05）。0.25~2 mm和0.053~0.25 mm粒级团聚体比例CT0>CT>RT>MT，其中MT、RT显著低于CT0。<0.053 mm粒级团聚体比例亦以CT0最高，RT次之，CT再次之，MT最低。>0.25 cm大团聚体比例由高到低依次为MT>CT>RT>CT0，<0.25 mm团聚体则相反，依次为CT0>RT>CT>MT。与CT0相比，各秸秆还田处理>2 mm团聚体含量均有显著提高（P<0.05），MT、RT和CT分别较CT0提高了45.50%、29.15%和28.13%。<2 mm各粒级团聚体含量均以CT0最高，MT最低。分析认为，MT降低了土壤扰动强度和频率，有利于土壤微团聚体进一步聚合形成大团聚体，还田秸秆腐解后产生的腐殖质和其他物质的胶结作用有利于促进土壤大团聚体的形成。

表3-4　秸秆还田方式处理的土壤水稳性团聚体分布　　　　单位：%

| 处理 | 大团聚体 | | | 微团聚体 | | |
| --- | --- | --- | --- | --- | --- | --- |
| | >2 mm | 0.25~2 mm | 总和 | 0.053~0.25 mm | <0.053 mm | 总和 |
| MT | 43.97a | 31.99c | 75.96 | 15.74c | 8.30c | 24.04 |
| RT | 39.03b | 34.53bc | 73.56 | 16.29bc | 10.15b | 26.44 |
| CT | 38.72b | 35.18ab | 73.90 | 17.19b | 8.91c | 26.10 |
| CT0 | 30.22c | 37.41a | 67.63 | 19.15a | 13.22a | 32.37 |

SOC在不同粒级水稳性团聚体中的分布如图3-6所示。结果表明，>2 mm、0.25 ~ 2 mm、0.053 ~ 0.25 mm和<0.053 mm团聚体中有机碳含量分别为29.34 ~ 34.00 g kg$^{-1}$、28.69 ~ 35.14 g kg$^{-1}$、27.82 ~ 32.37 g kg$^{-1}$和15.42 ~ 19.37 g kg$^{-1}$。各处理不同粒级水稳性团聚体中的有机碳含量变化趋势如下：MT、CT为0.25 ~ 2 mm>（>2 mm）>0.053 ~ 0.25 mm>（<0.053 mm），RT、CT0为（>2 mm)>0.25 ~ 2 mm>0.053 ~ 0.25 mm>（<0.053 mm）。总体而言，>0.25 mm的各粒级团聚体有机碳含量显著高于<0.25 mm的团聚体，表明SOC主要分布在大团聚体中。秸秆还田方式影响不同粒级团聚体中有机碳含量，按粒级从大到小，MT各粒级团聚体中有机碳含量分别比CT0提高10.41%、22.48%、16.35%和25.68%。RT较CT0分别提高15.88%、17.30%、4.19%和14.77%，秸秆还田对各粒级团聚体有机碳含量影响均显著（P<0.05），按粒级从大到小，CT各粒级团聚体中有机碳含量分别比CT0增加15.08%、22.27%、16.30%和25.38%。分析认为，尽管CT0处理0.25 ~ 2 mm、0.053 ~ 0.25 mm和<0.053 mm团聚体含量均高于其他处理，但是其团聚体有机碳含量均最低，主要原因是CT0处理秸秆不还田减少了SOC供给，导致其各粒级团聚体中的SOC含量相对较低。

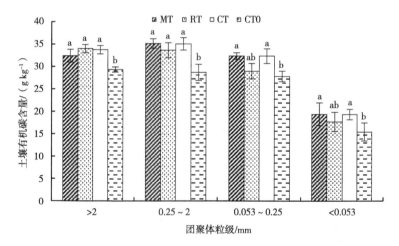

图3-6　秸秆还田方式各处理土壤水稳性团聚体有机碳含量

本书通过湿筛法分离土壤水稳性团聚体，从回收结果看（表3-5），不同处理各粒级团聚体有机碳贡献率为97.7% ~ 103.4%，表明在土壤团聚体分离未使SOC明显损失，结果可靠。

表3-5　不同粒级水稳性团聚体对土壤有机碳的贡献率　　单位：%

| 处理 | 大团聚体 | | | 微团聚体 | | |
|---|---|---|---|---|---|---|
| | >2 mm | 0.25~2 mm | 总和 | 0.053~0.25 mm | <0.053 mm | 总和 |
| MT | 44.1a | 34.9b | 78.9 | 15.8b | 5.0b | 20.8 |
| RT | 41.6a | 36.4ab | 78.0 | 14.8b | 5.6b | 20.4 |
| CT | 41.4a | 39.0a | 80.4 | 17.6a | 5.4b | 23.0 |
| CT0 | 32.1b | 38.9a | 71.0 | 19.3a | 7.4a | 26.7 |

注：贡献率为各粒级团聚体有机碳含量占总有机碳含量的百分比。

各处理土壤>2 mm、0.25~2 mm、0.053~0.25 mm和<0.053 mm团聚体有机碳占全土有机碳的比例分别为32.1%~44.1%、34.9%~39.0%、14.8%~19.3%和5.0%~7.4%。SOC大部分分布在>0.25 mm的大团聚体内，大团聚体有机碳的贡献率为71.0%~80.4%。贡献率最高的团聚体粒级MT、RT、CT处理是>2 mm，CT0处理则是0.25~2 mm。秸秆还田方式显著影响各粒级团聚体对SOC的贡献率，>2 mm团聚体有机碳贡献率依次为MT>RT>CT>CT0，0.25~2 mm团聚体为CT>CT0>RT>MT，0.053~0.25 mm团聚体为CT0>CT>MT>RT，<0.053 mm团聚体为CT0>CT>RT>MT。分析认为，土壤团聚体有机碳贡献率是由团聚体分配比例和团聚体有机碳含量共同决定。虽然MT和CT处理>2 mm团聚体中有机碳含量低于0.25~2 mm团聚体，但是二者>2 mm团聚体占全土的百分含量较高，使其贡献率高于0.25~2 mm团聚体。CT处理>2 mm、0.25~2 mm团聚体有机碳贡献率高于CT0，而其0.053~0.25 mm和<0.053 mm团聚体有机碳贡献率低于CT0，说明秸秆还田增加了土壤大团聚体有机碳对总SOC的贡献率。从表3-6中可以看出，>0.25 mm团聚体含量与SOC含量显著正相关（$P<0.05$），<0.25 mm团聚体含量与SOC含量显著负相关（$P<0.05$）。

表3-6　土壤水稳性团聚体分布与有机碳含量的皮尔逊相关系数

| 指标 | 土壤容重 | 水稳性团聚体 | | | | | |
|---|---|---|---|---|---|---|---|
| | | >2 mm | 0.25~2 mm | 0.053~0.25 mm | <0.053 mm | >0.25 mm | <0.25 mm |
| SOC | -0.071 | 0.945 | -0.851 | -0.957* | -0.944 | 0.977* | -0.977* |

注：*代表相关性达显著水平（$P<0.05$）。下同。

## 3.4 土壤有机碳储量

为了消除因秸秆还田方式引起的相同土层土壤质量不同而带来的有机碳储量差异，本书采用等质量法评价不同处理间有机碳储量的差异。因MT处理的0~5 cm、0~10 cm、0~20 cm土层的土壤质量最大，故将其作为$M_j$（$j$=1、2、3），计算各处理的等质量有机碳储量（表3-7）。秸秆还田方式对有机碳储量影响显著，且在不同土壤深度表现相似的趋势，各处理在0~5 cm、0~10 cm、0~20 cm土层有机碳储量的大小顺序为MT>RT>CT>CT0。MT有机碳储量在各土层均高于其他处理，但随着土壤深度的加深，MT与RT、CT间的差异逐渐减小，秸秆还田条件下，0~5 cm土层MT有机碳储量显著高于RT和CT（$P<0.05$）；0~10 cm土层MT显著高于CT；0~20 cm土层MT与RT、CT之间差异不显著。从各处理有机碳的增幅来看，0~20 cm土层有机碳储量较0~5 cm土层增幅以CT的增加量最大，2016年为55.28 Mg hm$^{-2}$，2017年为63.42 Mg hm$^{-2}$，增加量最低的是MT处理，2016年为54.87 Mg hm$^{-2}$，2017年为61.11 Mg hm$^{-2}$。分析认为，MT处理较低的耕作强度降低了SOC的分解速度，同时秸秆主要分布于表层土壤也导致其SOC的富集，二者共同导致0~5 cm土层MT有机碳储量的增加。随着土壤深度的增加，MT与其他处理间有机碳储量的差异逐渐减小，主要是因为MT处理SOC含量下降较快，而RT和CT处理亚表层土壤的SOC含量相对较高。秸秆还田对有机碳储量影响显著，0~5 cm、0~10 cm和0~20 cm土层有机碳储量2016年CT分别比CT0提高7.13%、8.49%和11.62%，2017年分别提高9.84%、9.78%和14.47%，说明秸秆还田能够增加土壤固碳量。

表3-7 秸秆还田方式各处理的等质量土壤有机碳储量 　　　　单位：Mg hm$^{-2}$

| 土层 | 2016 | | | | 2017 | | | |
| --- | --- | --- | --- | --- | --- | --- | --- | --- |
| | MT | RT | CT | CT0 | MT | RT | CT | CT0 |
| 0~5 cm | 21.47a | 20.60ab | 19.24bc | 17.96c | 25.77a | 22.79b | 21.76bc | 19.81c |
| 0~10 cm | 41.38a | 40.11ab | 38.06b | 35.08c | 47.89a | 45.47ab | 42.86b | 39.04c |
| 0~20 cm | 76.34a | 75.58a | 74.52a | 66.76b | 86.87a | 86.00a | 85.18a | 74.41b |

## 3.5 小结

秸秆还田不同方式对不同土层SOC含量影响显著，主要与耕作深度有关。MT、RT和CT分别提高了0～5 cm、5～10 cm和10～20 cm土层SOC含量。秸秆还田有利于提高0～20 cm土层SOC含量。MT显著提高了0～5 cm土层和其他各土层SOC含量层化率，秸秆还田对SOC层化率影响不显著。MT提高了0～20 cm有机碳储量，有利于相应土层SOC的固定积累。秸秆还田显著提高了0～20 cm土层有机碳储量，具有良好的固碳效应。

秸秆还田不同方式显著影响SOC及其组分含量。MT显著增加0～5 cm土层SOC及其组分含量，秸秆还田有利于提高0～20 cm各土层SOC及其组分含量。SOC含量与LFOC、HFOC、POC和MOC含量极显著相关，SOC变化率与LFOC、HFOC和POC变化率极显著相关（$P<0.01$），其中LFOC变化率与SOC变化率相关性最强，且LFOC对秸秆还田方式表现出了最高的敏感性，说明在本试验的各有机碳组分中，LFOC是指示秸秆还田方式对SOC影响的最佳指标。可见，少耕结合秸秆还田能够增强表层土壤碳库，有助于改善土壤质量，通过监测LFOC变化可以及时了解秸秆还田方式对有机碳库的影响。

秸秆还田方式同样影响土壤团聚体及各粒级团聚体中有机碳的分配，并且对耕层土壤>2 mm水稳性团聚体含量影响最大，少耕和秸秆还田有利于该粒级团聚体的形成。各处理SOC主要分布在>0.25 mm的水稳性大团聚体中，秸秆还田显著提高各粒级团聚体有机碳含量。>2 mm和0.25～2 mm两个粒级团聚体对总SOC的贡献率最大。>2 mm、>0.25 mm团聚体含量与SOC含量极显著正相关（$P<0.01$），0.25～0.053 mm、<0.053 mm、<0.25 mm团聚体含量与SOC含量显著（$P<0.05$）或极显著（$P<0.01$）负相关。

# 第4章 稻麦轮作农田土壤氮组分对秸秆还田方式的响应

土壤氮库的提升可以提高土壤供氮潜力，降低氮肥施用量和施肥成本，保护环境免受氮素流失的影响。不同耕作措施下土壤所受扰动强度、秸秆还田与否及其分布状况都存在较大差异，导致土壤结构和理化性状发生改变，进而影响土壤氮库。以少免耕为代表的保护性耕作由于降低了土壤扰动强度，增加了作物残茬归还，被认为可以提高表层土壤TN含量，而在深层土壤中的效果存在较大争议。作物秸秆含有丰富的营养元素，还田后增加了土壤氮素输入，有利于提高土壤TN含量。秸秆还田结合不同的耕作方式，导致秸秆还田深度以及土壤扰动程度的不同，进一步影响土壤TN分布状况。集约化的稻麦生产保障了稻麦轮作区粮食的持续稳定高产，但也导致该区出现了化肥过量施用、土壤质量下降等问题。通过制定合理的秸秆还田措施，提高土壤氮库水平，增强土壤供氮能力，是实现该区农业可持续发展的重要途径。本章通过比较分析秸秆少耕还田、旋耕还田、翻耕还田及不还田4种处理下耕层土壤TN及其组分含量、团聚体结构、碳氮比、层化率、各粒级团聚体中全氮分布和全氮储量的变化情况，阐明秸秆还田方式对土壤储氮效应的影响，为长江中下游稻麦轮作区农田土壤氮库管理及科学制定秸秆还田措施提供依据。

## 4.1 土壤全氮及其组分含量

### 4.1.1 土壤全氮含量、层化率和碳氮比

各处理0 ~ 20 cm不同土层土壤TN含量如图4-1所示。随着土壤深度的加深，不同处理TN含量表现出不同的规律，2016年，MT处理TN含量随着土壤深度的增加而降低，RT、CT、CT0处理TN含量则先上升后下降。不同处理各土层TN

含量如下：0～5 cm土层MT>RT>CT>CT0，5～10 cm土层MT≈RT>CT>CT0，10～20 cm土层CT0>RT>MT>CT0。0～5 cm土层TN含量MT处理较RT、CT和CT0提高2.26%、10.84%和21.92%，其中与CT和CT0差异显著。5～10 cm土层TN含量MT、RT、CT间差异不显著，但均显著高于CT0（$P<0.05$）。10～20 cm土层TN含量各处理间差异均不显著。分析认为，MT处理秸秆主要分布于表层土壤，增加了该土层氮供给量，因而其表层土壤TN含量最高。随着土壤深度的增加，MT处理秸秆氮供给量明显减小，其TN含量也随之降低。RT、CT耕作深度分别达到11 cm和18 cm，其5～10 cm和10～20 cm土层TN含量也最高。虽然MT处理秸秆主要分别于表层，但是其0～5 cm土层TN含量较5～10 cm土层仅提高0.02%，而RT、CT、CT0处理0～5 cm土层TN含量均低于5～10 cm土层，可能是因为前一季小麦属于旱作作物，生长期间土壤水分含量较低，表层土壤直接暴露于空气中，加大了其氮素挥发和淋溶损失。秸秆还田增加土壤氮素供应，可以提高土壤TN含量，但是由于氮素矿化和挥发、淋溶损失等原因，氮素差异的显著性不尽相同。

2017年，MT处理TN含量随土壤深度的增加而降低，RT先上升后降低，CT、CT0则逐渐提高。0～5 cm土层TN含量MT较RT、CT和CT0显著提高11.94%、17.03%和27.57%，5～10 cm土层TN含量RT>CT>MT>CT0，处理间差异不显著。10～20 cm土层TN含量CT最高，较MT和RT分别显著提高13.35%和27.40%。分析认为，2017年各处理TN含量随土壤深度的增加所呈现的规律和2016年不同，可能和气候等因素有关，如降水量可能会影响土壤氮素气态挥发和淋溶损失，温度会影响土壤微生物活性从而影响氮素含量。CT0处理10～20 cm土层TN含量高于RT和MT，原因可能是二者较低的耕作深度和频率以及秸秆还田改善了土壤孔隙状况，提高了孔隙连续性，导致氮素淋溶损失风险较CT0更高。

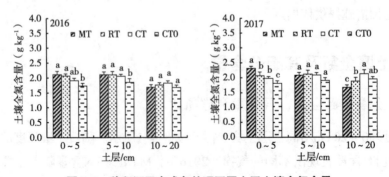

图4-1　秸秆还田方式各处理不同土层土壤全氮含量

综上所述，MT处理提高了0~5 cm土层TN含量，2017年显著高于其他处理，2016年与RT、CT差异不显著，年度间差异应与2016年MT处理浅旋作业有关。RT、CT分别提高5~10 cm、10~20 cm土层TN含量，与二者耕作深度一致。不同处理TN含量随土壤深度的增加表现出不同变化规律，主要取决于不同土层中秸秆分布和氮素损失，而年度间差异可能与气候因素有关。相同耕作方式下秸秆还田有利于提高土壤TN含量，主要是因为还田秸秆增加了氮素供给，但是不同耕作方式对土壤结构产生不同影响，进而改变氮素淋溶速率，导致其个别土层TN含量可能会低于CT0。

各处理表层0~5 cm土层对其他土层TN含量层化率如图4-2所示。可以看出，2016年各处理0~5 cm：5~10 cmTN层化率低于0~5 cm：10~20 cm。MT处理表层0~5 cm对其他土层TN含量层化率显著高于CT和CT0处理，其中MT0~5 cm：5~10 cm TN层化率较RT、CT和CT0分别提高1.95%、7.88%和6.75%，0~5 cm：10~20 cm TN层化率分别提高6.91%、19.82%和21.20%。2017年MT、RT各处理0~5 cm：5~10 cm TN层化率低于0~5 cm：10~20 cm，CT和CT0则相反，主要是CT和CT0处理10~20 cm土层TN含量高于5~10 cm。MT显著提高表层0~5 cm对其他土层TN层化率，其中0~5 cm：5~10 cm TN层化率MT较RT、CT和CT0分别提高13.91%、17.41%和16.53%，0~5 cm：10~20 cm TN层化率分别提高25.82%、49.10%和49.01%，均高于2016年，主要原因是2016年MT处理进行了浅旋作业，导致其0~5 cm土层TN含量相对较低。分析认为，MT处理表层0~5 cm对其他土层TN含量层化率均高于其他处理，主要由于其耕作强度低，对土壤团聚体和颗粒的破坏较小，降低了土壤氮素的分解和矿化，同时其秸秆主要分布于表层提高了土壤中氮含量，且随着土壤深度的增加TN含量快速下降，这点在2017年表现得更为明显。CT和CT0处理TN含量层化率差异不大，主要原因是虽然CT处理秸秆可以增加亚表层土壤氮供给，但同时可以改善土壤孔隙结构和连续性，有利于氮素向更深土层的运移，导致其TN层化率和CT0接近。

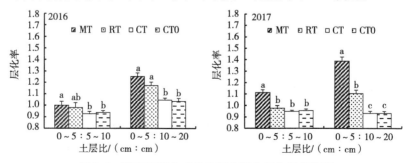

图4-2 秸秆还田方式各处理土壤全氮含量层化率

如图4-3所示，各耕作处理0～20 cm不同土层土壤碳氮比为13.07～17.52，2016年各处理碳氮比随土壤深度的增加先降低后升高，2017年则表现为MT处理先下降后升高，其他处理逐渐下降，年度间差异可能是温度、降水等因素导致秸秆腐解、有机质降解和氮挥发及淋溶损失程度不同，以及作物长势差异导致对土壤养分吸收的不同共同造成的。2016年，0～5 cm土层碳氮比由高到低依次为CT0>MT>CT>RT，5～10 cm土层为MT>RT>CT0>CT，10～20 cm土层为MT>RT>CT>CT0，但各土层不同处理间差异均不显著（$P>0.05$）。2017年各处理0～5 cm和5～10 cm土层碳氮比差异不显著，10～20 cm土层碳氮比MT>RT>CT>CT0，MT、RT和CT处理分别比CT0提高9.57%～28.23%、6.42%～19.00%和5.93%～9.97%。分析认为，10～20 cm土层碳氮比差异较大，其中MT处理碳氮比较高，CT和CT0处理碳氮比较低，主要是因为MT处理耕作深度较浅，频率较低，还田秸秆难以到达10～20 cm土层，导致该土层土壤基本没有额外有机质和氮素的供给，而作物生长导致根系在这一土层需要吸收较多氮素，进而提高土壤碳氮比。CT和CT0土壤耕作深度较深，导致根系能够扎到更深的土壤中，从而对10～20 cm土层养分的吸收相对减弱。除2017年10～20 cm土层外，其他年份各土层土壤碳氮比CT和CT0处理间没有显著差异，主要因为还田秸秆同时增加SOC和氮素，因而碳氮比没有明显变化。

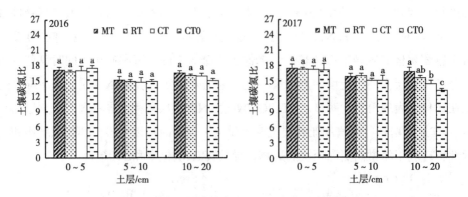

图4-3　秸秆还田方式各处理不同土层土壤碳氮比

## 4.1.2　土壤轻组氮、重组氮含量和分配比例

如图4-4所示，2016年各处理LFTN含量随土壤深度的增加所呈现的变化规律不尽相同，MT、RT逐渐降低，CT、CT0则先升高后降低。0～5 cm土层

LFTN含量MT>RT>CT>CT0，其中MT显著高于CT、CT0（P<0.05），MT较RT、CT和CT0分别提高6.03%、18.90%和88.21%。5~10 cm土层LFTN含量RT>CT>MT>CT0，RT较CT、MT和CT0分别提高3.84%、4.49%和48.80%，MT、RT、CT间差异不显著。10~20 cm土层LFTN含量CT>RT>MT>CT0，CT较RT、MT和CT0分别提高13.05%、21.09%和45.89%，其中CT显著高于MT和CT0。分析认为，随着土壤深度的增加，MT、RT处理LFTN含量逐渐降低，主要与秸秆分布位置有关；CT、CT0则先升高后降低，主要和CT0表层秸秆含量较少，同时二者10~20 cm土层根系吸收大量氮素以及氮素向更深层土壤淋溶有关。MT处理表层LFTN含量最高，主要因为MT较低的耕作频率和深度有利于保护土壤颗粒和团聚体结构，降低LFTN的分解，同时其秸秆主要分布于表层土壤，在为土壤提供额外氮源的同时，秸秆降解产生的腐殖质等各类物质也有助于土壤颗粒的聚合，起到保护土壤团粒结构的作用，进一步提高了表层土壤LFTN含量。RT、CT分别在5~10 cm和10~20 cm土层拥有最高LFTN含量，主要和各自耕作深度有关，RT耕深11 cm，CT耕深18 cm，分别促进了5~10 cm和10~20 cm土层土壤与秸秆的混合，从而提高相应土层LFTN含量。各土层CT0处理LFTN含量均显著高于CT0，说明秸秆提供了额外氮源以及对土壤结构的保护作用，可以有效提高LFTN含量。

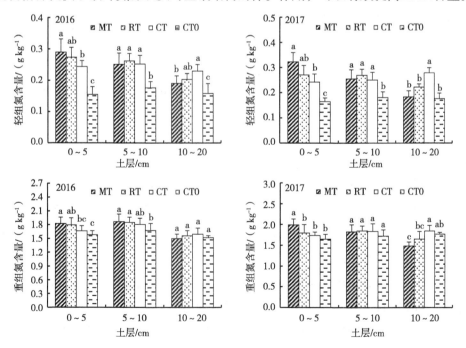

图4-4　秸秆还田方式各处理不同土层土壤轻组氮和重组氮含量

2017年，随着土壤深度的增加，MT和RT处理LFTN含量逐渐降低，CT逐渐升高，CT0先升高后降低，年度间差异可能与温度、降水、作物生长等因素有关，土壤温度高低影响微生物活性，从而影响秸秆腐解和氮素转化速率，降水强度会影响氮素硝化、反硝化过程以及径流和淋溶损失，作物生长情况不同直接影响根系对土壤氮素吸收量的多少，以上因素共同影响氮素分布规律。不同土层处理间差异和2016年相似，0～5 cm、5～10 cm、10～20 cm土层LFTN含量分别以MT、RT、CT处理最高，其中0～5 cm土层MT显著高于CT、CT0，5～10 cm土层MT、RT、CT间没有显著差异，10～20 cm土层CT显著高于其他处理，处理间差异主要与秸秆分布位置、耕作频率、强度和深度有关。

2016年，随着土壤深度的增加，各处理HFTN含量先上升后下降，除了MT，其他处理HFTN变化趋势和TN一致，MT处理0～5 cm土层HFTN含量低于5～10 cm土层，可能与其表层土壤LFTN含量较高有关。0～5 cm土层HFTN含量MT>RT>CT>CT0，MT显著高于CT和CT0，RT显著高于CT0（$P<0.05$），MT较RT、CT和CT0分别提高1.68%、9.66%和15.47%。5～10 cm土层HFTN含量MT>RT>CT>CT0，10～20 cm土层HFTN含量CT>RT>CT0>MT，MT、RT、CT间差异不显著。分析认为，0～5 cm土层MT处理HFTN含量最高，原因是秸秆主要分布于表层增加了氮供给，同时其较低的耕作频率和强度降低了HFTN的矿化速率，二者综合提高了HFTN含量。随着耕作频率和强度的提高，它们对土壤团聚结构的破坏程度也逐渐上升，导致HFTN矿化损失也逐渐提高。0～5 cm土层HFTN含量MT与RT差异不显著，且5～10 cm土层HFTN含量MT略高于RT，主要与该年MT处理进行了浅旋作业，导致秸秆分布位置有所下移有关。10～20 cm土层HFTN含量CT最高，RT次之，MT最低，主要是CT处理耕深较深，秸秆翻入10～20 cm土层，而MT、RT秸秆未能达到该土层，额外氮素供应量明显降低；该土层MT处理HFTN含量低于CT0，可能与MT耕作深度较浅，频率较低，该土层土壤孔隙状况和连续性优于CT0，导致其氮素淋溶损失高于CT0有关。总体来看，秸秆还田在一定程度上提高了土壤HFTN含量，但是在10～20 cm土层的效果与具体的还田方式有关。

2017年，随着土壤深度的增加，MT处理HFTN含量逐渐降低，RT处理先升后降，CT和CT0处理逐渐上升，年度间差异可能与气象条件、作物生长等因素有关。0～5 cm土层HFTN含量MT显著高于其他处理，较RT、CT和CT0分别提高10.89%、14.78%和20.75%，主要与该年MT处理未进行耕作，秸秆主要覆盖于表层，提高了表层土壤氮素供给，同时土壤与空气的接触度明显降低，土壤团粒结构受到的破坏较小，降低了土壤氮素的矿化、挥发损失，最终显著提高表层土壤HFTN含量。5~10 cm土层HFTN含量RT>CT>MT>CT0，但是处理间差异均不显著，MT处理HFTN含量快速下降主要因为该年秸秆主要覆盖于表层土壤，5~10 cm土层缺少额外氮素供给，而RT、CT在这一土层均有一定秸秆分布，因而其HFTN含量高于MT。然而，由于秸秆提供的氮素数量有限，加之作物根系对该土层氮素的吸收，各处理间差异不显著。10~20 cm土层HFTN含量表现为CT>CT0>RT>MT，主要因为该土层CT处理秸秆分布较多，而RT秸秆相对较少，MT几乎没有秸秆，且MT、RT孔隙状况优于CT0，氮素淋失量可能高于CT0，导致CT0处理HFTN含量高于MT和RT。

各处理不同土层轻组组分和LFTN的分配比例如表4-1所示。轻组组分和LFTN的分配比例显著低于颗粒组组分和PTN的分配比例。各处理轻组分配比例2016年为1.29%~3.86%，2017年为1.36%~3.97%，而LFTN分配比例2016年为8.88%~13.70%，2017年为9.07%~13.94%，表明土壤轻组组分中TN含量较高。秸秆还田方式对土壤LFTN分配比例影响显著，0~5 cm土层LFTN分配比例MT处理最高，且显著高于CT和CT0（$P<0.05$），5~10 cm土层年度间基本相似，表现为RT>CT（或MT）>MT（或CT）>CT0。10~20 cm土层LFTN分配比例表现为CT>RT>MT>CT0，年度间变化相同。分析认为，MT处理耕作深度和频率最低，对土壤团粒结构破坏最小，起到保护土壤LFTN、降低其矿化速率的作用，同时秸秆主要分布于表层土壤，腐解后产生的腐殖质等各类物质提供了较高的LFTN补给，导致其表层土壤LFTN比例最高。RT处理耕深11 cm，秸秆在5~10 cm土层的分布也高于CT处理，而MT处理秸秆在该土层分布较少，因此RT处理5~10 cm土层LFTN比例最高。各处理中CT耕深最深，达18 cm，导致其10~20 cm土层秸秆含量高于其他处理，因而其10~20 cm土层LFTN比例高于其他处理。CT0处理各土层LFTN比例均显著低于其他处理，与其较高的耕作强度和频率对土壤团粒结构的破坏，LFTN容易矿化分解，以及秸秆未还田、土壤未能获得秸秆腐解提供的额外氮素补充有关。

表4-1　秸秆还田方式对土壤全氮组分分配比例的影响　　　　　　　单位：%

| 土层 | 处理 | 2016 | | | | 2017 | | | |
|------|------|------|------|------|------|------|------|------|------|
| | | 轻组 | 轻组氮 | 颗粒组 | 颗粒态氮 | 轻组 | 轻组氮 | 颗粒组 | 颗粒态氮 |
| 0~5 cm | MT | 3.86a | 13.70a | 46.92a | 30.69a | 3.97a | 13.94a | 47.70a | 31.46a |
| | RT | 3.12b | 13.22ab | 44.87ab | 27.87ab | 3.05b | 13.13ab | 44.01ab | 27.61b |
| | CT | 2.86b | 12.77b | 42.91bc | 25.79b | 2.40c | 12.25b | 43.26bc | 24.21c |
| | CT0 | 2.17c | 8.88c | 41.64c | 21.54c | 2.00d | 9.08c | 41.37c | 20.39d |
| 5~10 cm | MT | 2.41a | 11.86a | 43.16a | 21.36a | 2.44a | 12.26a | 43.40a | 20.12c |
| | RT | 2.22b | 12.43a | 42.41a | 23.55a | 2.20b | 12.73a | 42.38a | 23.57b |
| | CT | 2.29ab | 12.26a | 43.52a | 24.58a | 2.32ab | 12.02a | 43.63a | 26.52a |
| | CT0 | 1.71c | 9.51b | 37.88b | 22.61ab | 1.64c | 9.51b | 38.76b | 21.72bc |
| 10~20 cm | MT | 1.79b | 11.24b | 39.53a | 21.27bc | 1.84ab | 10.98b | 40.08a | 18.31b |
| | RT | 2.08a | 11.52ab | 39.43a | 22.00b | 2.00a | 11.87ab | 38.82ab | 20.16b |
| | CT | 1.71b | 12.59a | 40.16a | 24.11a | 1.78b | 13.14a | 39.40ab | 25.83a |
| | CT0 | 1.29c | 9.39c | 36.76b | 19.62c | 1.36c | 9.07c | 37.24b | 19.62b |

注：轻组、颗粒组分配比例为二者占全土的比例；轻组氮、颗粒态氮分配比例为二者占土壤全氮比例。

综上所述，不同处理LFTN和HFTN随土壤深度的增加表现出的规律不尽相同，年度间也存在一定差异，总体上HFTN和TN变化规律一致，LFTN和TN变化规律稍有差异。MT处理0~5 cm土层LFTN和HFTN含量均高于其他处理，主要和MT处理较低的耕作强度降低了土壤氮素的矿化分解，同时秸秆主要分布于表层土壤提高了对这一土层的氮素供应有关。除了2016年HFTN外，RT处理5~10 cm土层LFTN和HFTN含量均高于其他处理，主要和该土层秸秆分布量有关。CT处理10~20 cm土层LFTN和HFTN含量最高，亦和不同处理在该土层的秸秆分布有关。CT0处理各土层LFTN含量及0~5 cm和5~20 cm土层HFTN含量均最低，主要和较强耕作强度对土壤团粒结构的破坏加速氮素矿化分解以及没有秸秆提供额外氮素补充有关。10～20 cm土层HFTN含量CT0处理2016年高于MT，2017年高于MT和RT，可能由于MT、RT对10～20 cm土层破坏较小，土壤孔隙状况较好，提高了该土层氮素淋溶损失。但是各土层LFTN和HFTN含量CT0均低于CT处理，充分说明了秸秆还田有利于提高土壤LFTN和HFTN含量。相关性分析表明（表4-2），2016年LFTN、HFTN和TN含量之间的皮尔逊相关系数分别为0.892和0.988（$P<0.01$），2017年为0.894和0.984（$P<0.01$），说明二者均可以作为指示TN变化的指标，且HFTN与TN的相关性高于LFTN，主要是因为LFTN含量低且易分解，不同处理和土层间差异较大，而HFTN含量高且较为稳定，不同处理和土层间变化率和TN较为接近。

表4-2　土壤全氮及其各组分含量之间的皮尔逊相关系数

| 因子 | 2016 | | | | | 2017 | | | | |
|---|---|---|---|---|---|---|---|---|---|---|
| | TN | LFTN | HFTN | PTN | MTN | TN | LFTN | HFTN | PTN | MTN |
| TN | 1 | | | | | 1 | | | | |
| LFTN | 0.892** | 1 | | | | 0.894** | 1 | | | |
| HFTN | 0.988** | 0.811** | 1 | | | 0.984** | 0.801** | 1 | | |
| PTN | 0.847** | 0.904** | 0.784** | 1 | | 0.908** | 0.880** | 0.869** | 1 | |
| MTN | 0.888** | 0.665* | 0.923** | 0.508 | 1 | 0.798** | 0.615* | 0.821** | 0.473 | 1 |

## 4.1.3　土壤颗粒态氮及矿物结合态氮含量和分配比例

如图4-5所示，不同处理PTN含量随着土壤深度的增加表现出不同趋势，MT、RT处理逐渐降低，CT、CT0处理先上升后降低，出现差异的原因主要是耕作深度的不同导致秸秆分布深度的不同。MT处理秸秆主要分布于表层土壤，因而其表层土壤PTN含量最高，且随着土壤深度的增加逐渐降低；RT处理秸秆主要分布于0～10 cm土层，但是5～10 cm土层根系吸收了较多氮素，因而PTN含量低于0～5 cm土层。CT和CT0秸秆主要分布于亚表层土壤，但是10～20 cm土层氮素由于根系吸收和向下淋溶消耗较多，含量较5～10 cm土层有所下降。2016年，0～5 cm土层PTN含量MT>RT>CT>CT0，其中MT显著高于其他处理

（$P<0.05$），较RT、CT和CT0分别提高12.58%、31.91%和73.67%。5～10 cm和10～20 cm土层PTN含量CT>RT>MT>CT0，其中5～10 cm土层CT和RT显著高于MT和CT0，10～20 cm土层CT显著高于其他处理。秸秆还田对土壤PTN含量影响显著，各土层土壤PTN含量均以CT0处理最低，且显著低于CT处理，主要因为秸秆提供了额外氮素输入，同时其降解后产生的物质有利于土壤颗粒组的形成，起到保护氮素的作用。

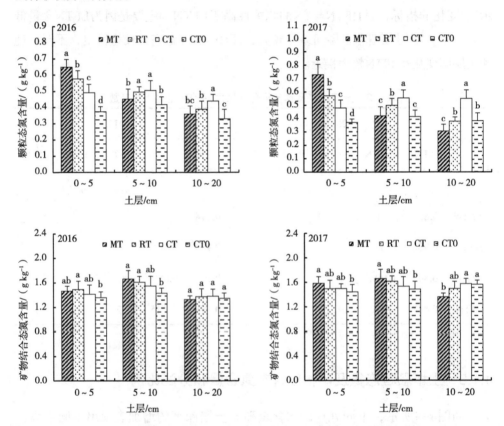

图4-5　秸秆还田方式对土壤颗粒态氮和矿物结合态氮含量的影响

2017年，0～5 cm和5～10 cm土层PTN分布规律和2016年一致，0～5 cm土层PTN含量MT>RT>CT>CT0，其中MT显著高于其他处理（$P<0.05$），较RT、CT和CT0分别提高27.54%、52.06%和96.83%。5～10 cm土层PTN含量CT>RT>MT>CT0，其中CT显著高于其他处理，较RT、MT和CT0分别提高10.92%、32.23%和34.10%。10～20 cm土层PTN含量CT>CT0>RT>MT，年度间差异可能与气象条件、作物生长等因素有关。分析认为，MT耕作频率、深度为各处理中最低，有效减小了耕作对土壤颗粒物质的破坏，降低了颗粒组中氮素的矿化分解损失，且还田秸秆腐解后产生的腐殖质等各类物质具有促进土壤微小成分聚合形成较大颗粒物质的作用，并同时向土壤中输入额外氮素，从而提高 0 ~ 5 cm 土层中 PTN 含量。随着土壤深度的增加，MT 处理缺少秸秆输入，其 PTN 含量也快速下降，而 RT、CT 处理耕深分别达到 11 cm 和 18 cm，促进了对应土层土壤与秸秆的混合，也提高相应土层土壤 PTN 含量。5 ~ 10 cm 土层 PTN 含量 RT 不及 CT，可能与 RT 处理根系对该土层氮素吸收较高有关，而 CT 耕深较深，其根系可扎到更深土壤中，对 5 ~ 10 cm 土层氮素的吸收则相对较弱。0 ~ 5 cm 和 5 ~ 10 cm 土层 CT0 处理 PTN 含量均低于其他处理，主要与秸秆还田向土壤输入额外氮素，同时促进了土壤颗粒物质形成有关。然而，10 ~ 20 cm 土层 CT0 处理 PTN 含量高于 RT 和 MT，可能与 MT、RT 处理的 10 ~ 20 cm 土层秸秆分布较低，同时二者在该土层孔隙状况优于 CT0，导致氮素淋溶损失相对较高有关。各土层 CT0 处理 PTN 含量均显著低于 CT 处理，说明秸秆还田具有较好的增氮效应。

各处理土壤 MTN 含量随土壤深度的增加所呈现的变化趋势和土壤 TN 相似，2016 年先上升后下降，2017 年 MT、RT 先升后降，CT、CT0 则逐渐上升。各处理 0 ~ 5 cm 土层 MTN 含量不及 5 ~ 10 cm，可能由于各处理 0 ~ 5 cm 土层中颗粒组比例相对较高，TN 多以颗粒态形式存在。随着土壤深度的增加，各处理变化趋势的差异主要与不同土层各处理的秸秆含量、矿化和淋溶损失以及根系对氮素的吸收情况有关。如图 4-5 所示，2016 年 0 ~ 5 cm 土层 MTN 含量表现为 RT>MT>CT>CT0，其中 RT、MT、CT 间差异不显著，MT 处理低于 RT 主要因为 MT 处理耕作强度和频率较低，对土壤颗粒组分破坏较小，同时秸秆主要分布于表层土壤，秸秆腐解后产生的腐殖质有利于土壤颗粒的聚合和保护，因此 MT 处理表层土壤 TN 多以颗粒态形态存在，MTN 含量相对较低。5 ~ 10 cm 土层 MTN 含量表现为 MT>RT>CT>CT0，主要因为该层土壤中 MT 处理 PTN 含量相对较低，TN 主要以矿物结合态形态存在。10 ~ 20 cm 土层 MTN 含量表现为 CT>RT>CT0>MT，但是各处理间差异均不显著，CT 处理最高主要因为其耕深较深，10 ~ 20 cm 土层中秸秆分布较多，向土壤提供了较多氮素，而 MT 处理最低则可能因为其土壤孔隙状况较好，氮素淋溶损失较高。

2017 年，0 ~ 5 cm 土层 MTN 含量由高到低依次为 MT>CT>RT>CT0，MT 较 CT、RT 和 CT0 提高 5.84%、5.98% 和 9.83%，其中 MT、CT、RT 间差异不显著。

5～10 cm土层MTN含量依次为MT>RT>CT>CT0，MT较RT、CT和CT0提高2.70%、8.36%和11.73%。10～20 cm土层MTN含量依次为CT>CT0>RT>MT，其中MT显著低于CT和CT0。分析认为，MT处理0～5 cm土层MTN含量最高，主要因为其秸秆主要分布于表层土壤，为土壤提供了大量氮源，而5～10 cm土层MTN含量最高则因为该土层MT处理PTN含量较低，土壤氮素以矿物结合态存在比例较高。10～20 cm土层CT0处理MTN含量高于MT和RT，主要因为MT和RT耕深较浅，在该土层土壤孔隙连续性优于CT0，导致氮素淋溶损失较高。

各处理不同土层土壤颗粒态组分和PTN的分配比例如表4-1所示。各处理颗粒态组分分配比例2016年为36.76%～46.92%，2017年为37.24%～47.70%，PTN分配比例2016年为19.62%～30.69%，2017年为19.62%～31.46%，表明土壤颗粒态组分中TN含量低于矿物结合态组分中TN含量。秸秆还田方式对土壤PTN分配比例影响显著，0～5 cm土层PTN分配比例MT处理最高，且2016年显著高于CT和CT0，2017年显著高于其他各处理（$P<0.05$）。5～10 cm土层则为CT>RT>CT0>MT。10～20 cm土层LFTN分配比例2016年表现为CT>RT>MT>CT0，2017年为CT>RT>CT0>MT，年度间差异可能与气象条件和作物生长等有关。分析认为，MT处理耕作深度和频率最低，对土壤颗粒组分破坏最小，起到保护土壤PTN、降低其矿化速率的作用，同时秸秆主要分布于表层土壤，秸秆腐解后向土壤提供额外氮源的同时，产生的腐殖质等物质也起到保护土壤颗粒、减缓氮素分解的作用。虽然RT秸秆在5～10 cm土层的分布较高，但是其根系对该土层氮素的吸收也相对较高，而CT处理根系可以扎到更深的土壤，对5～10 cm土层氮素的吸收量相对较低，MT处理秸秆在该土层分布较少，因此CT处理5～10 cm土层PTN比例最高。各处理中CT耕深最深，达18 cm，导致其10～20 cm土层秸秆含量高于其他处理，因而其该土层PTN比例高于其他处理。CT0处理各土层PTN比例均低于CT处理，与其较高的耕作强度和频率对土壤颗粒组分的破坏，以及缺少额外氮源有关。

综上所述，不同处理PTN和MTN随土壤深度的增加表现出的规律不尽相同，年度间也存在一定差异，与当年气象条件、作物生长状况有关。MT处理0～5 cm土层PTN含量高于其他处理，主要和MT处理较低的耕作强度保护了土壤颗粒组形态，降低了土壤氮素的矿化分解，同时秸秆的表层分布促进了土壤颗粒的聚合，同时向该土层提供额外氮源。RT处理5～10 cm土层MTN含量高于其他处理，CT处理5～10 cm土层PTN含量及10～20 cm土层PTN和MTN含量最高，主要和不同处理在该土层的秸秆分布以及TN不同形态的分配比例有关。CT0处理0～5 cm和5～10 cm土层PTN及MTN含量均最低，其各土层均低于CT0，主要是较强耕作强度对土壤颗粒组分的破坏加速氮素矿化分解以及没有秸秆提供额外氮素补充有关。CT0处理10～20 cm土层PTN和MTN含量部分情况下高于MT和RT，可能是由于MT、RT对10～20 cm土层破坏较小，土壤孔隙状况较好，提高了该土层氮素淋溶损失。相关性分析表明（表4-2），2016年PTN、MTN和TN含量之间的皮尔逊相关系数分别为0.847和0.888（P<0.01），2017年分别为0.908和0.798（P<0.01），说明二者均可以作为指示TN变化的指标，且PTN与TN的相关性高于MTN。

## 4.1.4　土壤全氮及其各组分含量变化率

表4-3为不同土层各处理TN及其组分含量较CT0处理的变化情况，可以看出，0～5 cm和5～10 cm土层TN及其组分含量变化率为正值，而在10～20 cm土层，2016年HFTN和MTN含量变化率存在负值，2017年除了LFTN，TN及其他TN组分含量均存在负值。各处理TN含量变化率为-14.38%～27.57%，LFTN含量变化率为0.60%～95.86%，HFTN含量变化率为-16.18%～20.75%，PTN含量变化率为-20.10%～96.83%，MTN含量变化率为-12.99%～16.05%，表明在0～20 cm各土层中，土壤LFTN和PTN的变化率高于其他组分，且在LFTN和PTN之间，除了2017年0～5 cm土层外，LFNT变化率高于PTN，说明LFTN对秸秆还田方式表现出了最高的敏感性，其次为PTN，HFTN和MTN的敏感度较低。0～5 cm土层TN和各组分变化率均以MT最高，10～20 cm土层以CT最高，5～10 cm土层则MT和RT兼而有之。相关性分析表明，TN变化率和LFTN、HFTN、PTN、MTN变化率极显著相关（P<0.01）。其中，2016年TN变化率与HFTN变化率相关性最高，皮尔逊系数为0.924，其次为LFTN（r=0.951），PTN再次之（r=0.837），最后为MTN（r=0.825）。2017年TN变化率与HFTN变化率相关性最高，皮尔逊系数为0.987，其次为PTN（r=0.910），LFTN再次之（r=0.883），MTN最低（r=0.857）。尽管HFTN变化率与TN变化率相关性最高，但是其变化率远低于LFTN，故LFTN适合于作为反映TN含量受秸秆还田方式影响的敏感指标。

表4-3 秸秆还田方式对土壤全氮及其组分变化率的影响

单位：%

| 土层 | 处理 | 2016 | | | | | 2017 | | | | |
|---|---|---|---|---|---|---|---|---|---|---|---|
| | | 全氮变化率 | 轻组氮变化率 | 重组氮变化率 | 颗粒态氮变化率 | 矿物结合态氮变化率 | 全氮变化率 | 轻组氮变化率 | 重组氮变化率 | 颗粒态氮变化率 | 矿物结合态氮变化率 |
| 0~5 cm | MT | 21.92 | 88.21 | 15.47 | 73.67 | 7.71 | 27.57 | 95.86 | 20.75 | 96.83 | 9.83 |
| | RT | 19.23 | 77.50 | 13.55 | 54.27 | 9.61 | 13.97 | 64.78 | 8.90 | 54.33 | 3.63 |
| | CT | 10.00 | 58.30 | 5.30 | 31.66 | 4.05 | 9.01 | 47.06 | 5.21 | 29.45 | 3.77 |
| | CT0 | 0.00 | 0.00 | 0.00 | 0.00 | 0.00 | 0.00 | 0.00 | 0.00 | 0.00 | 0.00 |
| 5~10 cm | MT | 14.22 | 42.40 | 11.25 | 7.93 | 16.05 | 9.47 | 41.13 | 6.15 | 1.41 | 11.71 |
| | RT | 13.87 | 48.80 | 10.20 | 18.64 | 12.48 | 11.40 | 49.12 | 7.44 | 20.89 | 8.77 |
| | CT | 11.17 | 43.30 | 7.79 | 20.86 | 8.34 | 9.82 | 38.81 | 6.78 | 34.10 | 3.09 |
| | CT0 | 0.00 | 0.00 | 0.00 | 0.00 | 0.00 | 0.00 | 0.00 | 0.00 | 0.00 | 0.00 |
| 10~20 cm | MT | 0.60 | 20.48 | -1.46 | 9.08 | -1.47 | -14.38 | 3.65 | -16.18 | -20.10 | -12.99 |
| | RT | 5.17 | 29.05 | 2.70 | 17.95 | 2.05 | -3.77 | 25.94 | -6.73 | -1.12 | -4.41 |
| | CT | 8.75 | 45.89 | 4.90 | 33.65 | 2.67 | 9.08 | 58.02 | 4.19 | 43.60 | 0.65 |
| | CT0 | 0.00 | 0.00 | 0.00 | 0.00 | 0.00 | 0.00 | 0.00 | 0.00 | 0.00 | 0.00 |
| 皮尔逊相关系数 | | | | | | | | | | | |
| 全氮变化率 | | | 0.951** | 0.989** | 0.837** | 0.802** | | 0.883** | 0.987** | 0.910** | 0.857** |

## 4.2　土壤团聚体全氮分布

如图4-6所示, 不同处理各粒级团聚体全氮含量为: >2 mm, 1.90 ~ 2.07 g kg$^{-1}$;
0.25 ~ 2 mm, 2.03 ~ 2.18 g kg$^{-1}$; 0.053 ~ 0.25 mm, 1.86 ~ 1.91 g kg$^{-1}$; <0.053 mm,
1.06 ~ 1.30 g kg$^{-1}$。各处理不同粒级水稳性团聚体中全氮含量变化趋势
如下: MT、CT、CT0处理为0.25 ~ 2 mm>（>2 mm）>0.053 ~ 0.25 mm>
（<0.053 mm）, RT处理为（>2 mm）>0.25 ~ 2 mm>0.053 ~ 0.25 mm>
（<0.053 mm）。总体而言, >0.25 mm团聚体全氮含量显著高于<0.25 mm团
聚体。秸秆还田方式对团聚体全氮含量影响有限, 仅<0.053 mm团聚体全氮
含量CT、CT0处理显著高于RT处理, 其他粒级差异不显著。按团聚体粒级从
大到小, MT各粒级团聚体中全氮含量比CT0分别提高0.58%、6.57%、0.34%
和-9.28%, RT较CT0分别提高8.83%、0.22%、-2.08%和-18.61%。秸秆还田对各
粒级团聚体全氮含量影响均不显著（P>0.05）, 按团聚体粒级从大到小, CT处
理各级团聚体中全氮含量比CT0分别提高5.62%、7.48%、0.55%和-1.58%。分析
认为, 尽管CT0处理>0.25 mm各级团聚体全氮含量均最低, 0.053 ~ 0.25 mm团聚
体全氮含量高于RT, 略低于MT和CT, <0.053 mm团聚体全氮含量最高, 说明秸
秆还田有利于促进氮素由小团聚体向大团聚体转移。

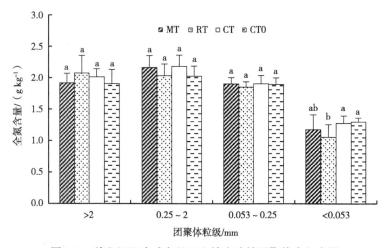

图4-6　秸秆还田方式各处理土壤水稳性团聚体全氮含量

本研究通过湿筛法分离土壤水稳性团聚体, 不同处理团聚体全氮贡献率为
95.63% ~ 99.93%（表4-4）, 表明在土壤团聚体分离中TN未有明显损失, 结果是
可靠的。

表4-4　不同粒级水稳性团聚体对土壤全氮的贡献率　　　　单位：%

| 处理 | 大团聚体 | | | 微团聚体 | | |
|------|--------|------------|------|-----------------|----------|------|
| | >2 mm | 0.25～2 mm | 总和 | 0.053～0.25 mm | <0.053 mm | 总和 |
| MT | 43.59a | 35.79a | 79.38 | 15.49b | 5.06b | 20.55 |
| RT | 40.80ab | 35.39a | 76.19 | 15.25b | 5.41b | 20.66 |
| CT | 37.48b | 36.90a | 74.39 | 15.76b | 5.48b | 21.25 |
| CT0 | 30.26c | 39.89a | 70.14 | 19.08a | 9.03a | 28.11 |

注：贡献率为各粒级团聚体全氮含量占土壤全氮含量百分比。

　　各处理土壤中>2 mm、0.25～2 mm、0.053～0.25 mm和<0.053 mm团聚体中全氮占全土TN含量的比例分别为30.26%～43.59%、35.39%～39.89%、15.25%～19.08%和5.06%～9.03%。TN大部分分布在>0.25 mm的大团聚体上，大团聚体全氮对全土TN的贡献率为70.14%～79.38%。贡献率最高的团聚体粒级MT、RT、CT处理为>2 mm，CT0处理则为0.25～2 mm。秸秆还田方式显著影响>2 mm团聚体全氮对全土TN的贡献率，>2 mm团聚体全氮贡献率从大到小各处理依次为MT>RT>CT>CT0，其中MT显著高于CT、CT0；0.25～2 mm团聚体全氮贡献率为CT0>CT>MT>RT，处理间差异不显著；0.053～0.25 mm团聚体全氮贡献率为CT0>CT>MT>RT，CT0显著高于其他处理；<0.053 mm团聚体全氮贡献率为CT0>CT>RT>MT，CT0显著高于其他处理。分析认为，土壤团聚体全氮贡献率由团聚体分配比例和团聚体全氮含量共同决定。虽然MT和CT处理>2 mm团聚体全氮含量不及0.25～2 mm，但是二者该粒级团聚体占比较高，导致其TN贡献率较高。CT处理>2 mm团聚体全氮贡献率高于CT0，而其0.25～2 mm、0.053～0.25 mm和<0.053 mm团聚体全氮贡献率低于CT0，说明秸秆还田在提高土壤大团聚体比例和土壤TN含量的同时，促进了土壤氮素向大团聚体的转移。由表4-5可以看出，土壤TN含量和土壤容重、团聚体分布的关系均不显著（$P>0.05$）。

表4-5　土壤水稳性团聚体分布与土壤全氮含量的皮尔逊相关系数

| 因子 | 土壤容重 | 水稳性团聚体 | | | | | |
|------|--------|-------|-----------|----------------|-----------|---------|---------|
| | | >2 mm | 0.25～2 mm | 0.053～0.25 mm | <0.053 mm | >0.25 mm | <0.25 mm |
| TN | −0.801 | 0.298 | −0.064 | −0.255 | −0.538 | 0.435 | −0.435 |

## 4.3　土壤全氮储量

本节采用等质量法评价不同处理间土壤全氮储量差异，以消除因秸秆还田方式引起的相同土层土壤质量不同而带来的土壤全氮储量差异（表4-6）。0～5 cm、0～10 cm土层全氮储量MT>RT>CT>CT0，0～20 cm土层全氮储量CT>RT>MT>CT0，年度间规律相似。0～5 cm土层MT处理全氮储量最高，其中2016年显著高于CT和CT0，2017年显著高于其他处理，但随着土壤深度的增加，MT与其他处理的差异逐渐减小，并在0～20 cm土层低于RT和CT处理。0～20 cm土层全氮储量较0～5 cm土层增加量最大的为CT，2016年为3.35 Mg hm$^{-2}$，2017年为4.33 Mg hm$^{-2}$，增加量最小的是MT，2016年为2.89 Mg hm$^{-2}$，2017年为3.72 Mg hm$^{-2}$。分析认为，MT较低的耕作强度减小对土壤团聚体的破坏，降低了土壤TN的分解速度，同时秸秆主要分布于表层土壤也导致其中TN的富集，二者共同导致0～5 cm土层MT处理较高的全氮储量。随着土壤深度的增加，MT与其他处理全氮储量的差异逐渐减小，主要是因为MT处理5 cm以下土层缺少秸秆分布，TN含量下降较快，而RT和CT处理耕深较深，5 cm以下土层秸秆分布较多，土壤的TN含量较高。在0～5 cm、0～10 cm和0～20 cm土层全氮储量2016年CT分别比CT0提高10.00%、11.17%和8.75%，2017年提高12.10%、10.92%和9.97%，说明秸秆还田具有较好的增氮效应。

表4-6　秸秆还田方式各处理的等质量土壤全氮储量　　　单位：Mg hm$^{-2}$

| 土层 | 2016 | | | | 2017 | | | |
|---|---|---|---|---|---|---|---|---|
| | MT | RT | CT | CT0 | MT | RT | CT | CT0 |
| 0～5 cm | 1.25a | 1.22ab | 1.13bc | 1.03c | 1.48a | 1.32b | 1.26b | 1.13c |
| 0～10 cm | 2.56a | 2.55a | 2.49a | 2.24b | 2.88a | 2.74ab | 2.66bc | 2.40c |
| 0～20 cm | 4.14ab | 4.33ab | 4.48a | 4.12b | 5.20ab | 5.34ab | 5.60a | 5.09b |

## 4.4　小结

秸秆还田方式对不同土层TN含量影响显著。MT、RT、CT分别提高0～5 cm、5～10 cm（2016年除外）和10～20 cm土层TN含量。秸秆还田提高

0～20 cm土层TN含量。MT显著提高0～5 cm土层对其他土层TN含量层化率，秸秆还田与否对TN含量层化率影响不显著。秸秆还田方式对0～5 cm和5～10 cm土层碳氮比影响不显著；随着耕作强度的增加，10～20 cm土层碳氮比逐渐下降，秸秆不还田处理最低。MT提高了0～10 cm土层全氮储量，但0～20 cm土层不及RT和CT。秸秆还田提高0～20 cm土层全氮储量，具有良好的增氮效应。

秸秆还田不同方式影响土壤TN及其组分含量。MT增加0～5 cm土层TN和各组分氮含量（2016年MTN除外），秸秆还田有利于提高各土层土壤TN和各组分氮含量（2017年10～20 cm土层除外）。TN含量与LFTN、HFTN、PTN、MTN含量极显著相关，TN变化率与LFTN、HFTN、PTN、MTN变化率极显著相关，其中HFTN变化率与TN变化率相关性最强，LFTN和PTN次之，且LFTN对秸秆还田方式表现出了最高的敏感性，说明在各TN组分中，LFTN是指示秸秆还田方式对TN影响的最佳指标。可见，少耕结合秸秆还田能够增强表层土壤氮库，有助于改善土壤质量，通过监测LFTN变化可以及时了解秸秆还田方式对氮库的影响。

秸秆还田不同方式影响土壤团聚体及各粒级团聚体中全氮的分配。各处理TN主要分布在>0.25 mm的水稳性大团聚体中，秸秆还田提高大团聚体中全氮含量。>2 mm和0.25～2 mm两个粒级团聚体对TN的贡献率最大。秸秆还田方式对>2 mm团聚体全氮贡献率影响显著，随着耕作强度的降低，该粒级团聚体全氮贡献率逐渐提高。

# 第5章　稻麦轮作农田土壤碳组分对秸秆还田年数的响应

我国农作物秸秆资源非常丰富，据估算，2015年全国主要农作物秸秆资源量为71 878.53万t[8]。作物秸秆含有丰富的营养元素，在缺乏有机肥输入的粮田中，还田作物残体特别是秸秆已成为影响SOC含量和质量的重要因素。作物秸秆还田量及还田方式直接影响SOC的固存。通常，SOC固存量随着秸秆还田量的增加而增加，但是可能具有一定的点位变异性[44]。然而，秸秆持续还田可能不总带来SOC含量增长，在一定条件下也会引起SOC含量的降低，原因可能是引发了有机碳的启动效应[45]。此外，秸秆还可用于轻工业原料、能源、饲料等领域，因此探明合理的秸秆还田年数，对综合考虑秸秆多用途利用具有重要意义。本章通过比较分析秸秆不还田及还田1~8 a耕层SOC及其组分含量、层化率、团聚体结构和各粒级团聚体中有机碳分布，以及有机碳储量的变化情况，阐明不同秸秆还田年数对土壤固碳效应的影响，为长江中下游平原稻麦轮作区农田土壤碳库管理及建立合理的秸秆还田措施提供理论依据。

## 5.1　土壤容重

不同处理各土层容重如图5-1所示。可以看出，随着土壤深度的增加，各处理土壤容重均不断增大；随着秸秆还田年数增加，0~20 cm各土层容重呈现逐渐降低趋势。2017年，与NR相比，0~5 cm、5~10 cm和10~20 cm土层容重分别从SR3、SR5和SR1开始出现显著性差异（$P<0.05$）。SR1~SR7处理0~5 cm土层容重较NR降低0.81%~15.68%，5~10 cm土层降低-0.78%~6.79%，10~20 cm土层降低2.93%~11.43%。其中，0~5 cm土层SR5、SR6、SR7之间差异不显著，5~10 cm土层SR3~SR7各处理间差异不显著，10~20 cm土层

SR5、SR6、SR7之间差异不显著（*P*>0.05）。2018年，与NR相比，0～5 cm、5～10 cm和10～20 cm土层容重分别从SR3、SR1和SR1开始呈现显著性差异。SR1～SR8处理0～5 cm土层容重较NR降低1.05%～15.69%，5～10 cm土层降低2.94%～10.35%，10～20 cm土层降低2.22%～14.11%。其中，SR6、SR7和SR8各土层间土壤容重均无显著性差异（*P*>0.05）。分析认为，由于秸秆密度远低于土壤，因此秸秆与土壤的混合可以显著降低土壤容重。随着秸秆还田年数的增加，早期还田的秸秆逐渐腐解成为腐殖质及其他物质，这些物质可以促进土壤颗粒的聚合，促进土壤大团聚体的形成，改善土壤孔隙状况，从而进一步降低土壤容重。在秸秆还田6 a后各土层土壤容重变化不显著，可能是还田秸秆给土壤带来的腐殖质等物质输入与其分解消耗接近平衡，土壤容重变化趋于稳定。

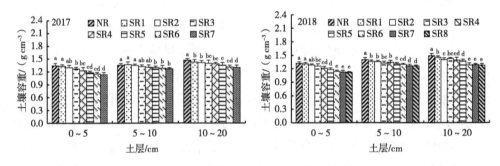

图5-1　不同秸秆还田年数处理的土壤容重

## 5.2　土壤有机碳及其组分含量

### 5.2.1　土壤有机碳含量及层化率

如图5-2所示，各处理SOC含量随着土壤深度的增加呈现先上升后下降的趋势。2017年，随着秸秆还田年数的增加，各土层SOC含量逐渐上升。与NR相比，0～5 cm土层SOC含量自SR2开始出现显著性差异（*P*<0.05），SR1～SR7各处理SOC含量较NR增加5.38%～31.58%，其中SR5、SR6、SR7之间差异不显著（*P*>0.05）。5～10 cm土层SOC含量自SR1开始出现显著性差异（*P*<0.05），SR1～SR7各处理SOC含量较NR增加8.43%～31.21%，其中SR5、SR6、SR7之间差异不显著。10～20 cm土层SOC含量自SR2开始出现显著性差异（*P*<0.05），SR1～SR7各处理SOC含量较NR增加2.45%～18.74%，其中SR4、SR5、SR6、

SR7之间差异不显著。分析认为,秸秆还田向土壤输入额外有机碳,各处理SOC含量随着土壤深度的增加呈现先上升后下降的趋势,主要是因为秸秆旋耕还田,耕深15 cm,秸秆均匀分布于0～15 cm土层,但是0～5 cm土层直接与空气接触,SOC的分解强度高于5～10 cm土层,导致0～5 cm土层SOC含量低于5～10 cm土层;而10～20 cm土层秸秆分布量低于上层土壤,且该土层小麦根系残留低于5～10 cm土层,导致10～20 cm土层SOC含量亦低于5～10 cm土层。

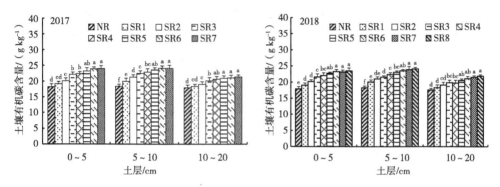

图5-2　不同秸秆还田年数下不同土层土壤有机碳含量

2018年,SOC含量均随着秸秆还田年数的增加而逐渐提高,年度间规律相似。与NR相比,0～5 cm、5～10 cm和10～20 cm土层SOC含量分别自SR2、SR1和SR3开始差异显著(P<0.05)。随着秸秆还田年数增加,各土层SR6、SR7、SR8处理SOC含量之间差异不显著。0～5 cm土层SOC含量SR1～SR8各处理SOC含量较NR增加6.37%～30.99%,其中SR5、SR6、SR7、SR8之间差异不显著。5～10 cm土层SR1～SR8各处理SOC含量较NR增加10.13%～32.04%,其中SR6、SR7、SR8之间差异不显著。10～20 cm土层各秸秆还田处理SOC含量较NR提高4.15%～24.08%,其中SR5、SR6、SR7、SR8之间差异不显著。分析认为,不同土层SOC含量分别在还田5 a或者6 a后出现差异不显著的现象,主要是因为随着SOC含量的增加,土壤微生物量和微生物活性也随之增加,SOC的分解强度也在增加,而秸秆每年还田量是固定的,当秸秆还田达到一定年数后,秸秆还田带来的有机碳输入和SOC分解速率相接近,导致SOC含量无显著增加。

0～5 cm土层对其他土层SOC含量层化率如图5-3所示。可以看出,各处理0～5 cm:5～10 cm SOC层化率均低于0～5 cm:10～20 cm,随着秸秆还田年数的增加,0～5 cm:5～10 cm SOC层化率呈先降低后上升再趋于平稳的趋势,0～5 cm:10～20 cm SOC层化率则呈先上升后下降的趋势,年度间规律相似。

2017年，各处理0～5 cm：5～10 cm SOC层化率为0.95～0.99，其中以SR7最高、SR2最低；0～5 cm：10～20 cm SOC层化率为1.01～1.14，其中以NR最低、SR6最高。2018年，各处理0～5 cm：5～10 cm SOC层化率为0.95～1.00，其中以SR3最高、SR1最低；0～5 cm：10～20 cm SOC层化率为1.02～1.11，其中以NR最低、SR4最高。分析认为，秸秆还田初期0～5 cm：5～10 cm SOC层化率有所降低，主要是因为0～5 cm土层直接与空气接触，秸秆降解速度低于5～10 cm土层，导致SOC含量增长速度低于5～10 cm土层。随着秸秆还田年数的增加，SOC层化率趋于稳定，主要是因为秸秆在0～5 cm和5～10 cm土层分布较为均匀，提供的有机碳输入量较为一致。0～5 cm：10～20 cm SOC层化率先上升后下降，主要是因为秸秆还田深度为15 cm，10～20 cm土层中秸秆分布低于0～5 cm土层，故当秸秆还田年数较短时，0～5 cm土层中SOC增加速度高于10～20 cm土层，而随着秸秆还田年数的延长，表层土壤中SOC含量增速逐渐放缓，导致层化率逐渐降低。

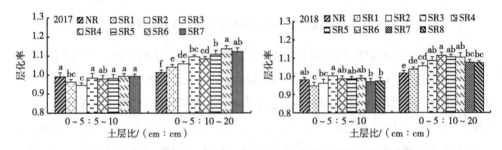

图5-3　不同秸秆还田年数对土壤有机碳含量层化率的影响

综上所述，随着土壤深度的增加，各处理SOC含量先升高后降低。随着秸秆还田年数的增加，0～20 cm内各土层SOC含量逐渐提高，但是增速逐渐降低，主要是SOC的输入和分解速率逐渐接近所致。随着秸秆还田年数的增加，不同土层SOC层化率变化趋势有所不同，0～5 cm：5～10 cm SOC层化率呈先降低后上升再趋于平稳的趋势，0～5 cm：10～20 cm SOC层化率则呈先上升后下降的趋势，主要是由不同土层SOC在输入和分解数量和速率上的差异所致。

### 5.2.2　土壤轻组有机碳和重组有机碳含量与分配比例

各处理0～20 cm不同土层土壤LFOC和HFOC含量如图5-4所示。可以看出，2017年随着土壤深度的增加，各处理LFOC含量呈现先上升后降低的趋势。随秸秆还田年数的增加，0～5 cm和5～10 cm土层LFOC含量逐渐上升，10～20 cm土层LFOC含量在SR1有一定降低，之后逐渐上升。与NR处理相比，SR1～SR7各处理0～5 cm土层LFOC含量增加了9.69%～146.40%，其中自SR2开始出现显著性差异；5～10 cm土层增加了9.85%～141.01%，亦是自SR2开始出现显著性差异；10～20 cm土层增加了-7.59%～93.46%，则是自SR4开始出现显著性差异。分析认为，各处理LFOC含量随着土壤深度的增加呈现先上升后下降的趋势，主要是因为0～5 cm土层直接与空气接触，SOC的分解强度高于5～10 cm土层；秸秆还田深度15 cm，导致10～20 cm土层秸秆分布量低于上层土壤，且该土层小麦根系残留量低于5～10 cm土层，导致10～20 cm土层的额外有机碳输入量低于5～10 cm土层。随着秸秆还田年数增加，0～5 cm和5～10 cm土层LFOC含量逐渐上升，但是在较短的还田年数内（1～2 a）LFOC含量上升速度较慢，主要是因为小麦田是旱田，秸秆降解速度较慢，秸秆中养分的释放需要一定时间。随着秸秆还田年数的增加，早期还田的秸秆已分解为腐殖质等物质，可以显著提高土壤LFOC含量。

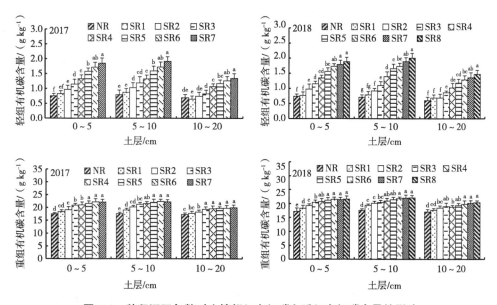

图5-4　秸秆还田年数对土壤轻组有机碳和重组有机碳含量的影响

2018年，随着土壤深度的增加，NR、SR2、SR3处理土壤LFOC含量逐渐降低，SR1、SR4～SR8各处理土壤LFOC含量则先上升后降低，年度间差异可能和降水、温度、作物生长情况等因素有关。随着秸秆还田年数的增加，各土层LFOC含量逐渐上升，上升速度呈缓慢-快速-缓慢的趋势。与NR处理相比，SR1～SR8各处理0～5 cm土层LFOC含量增加了4.35%～154.54%，其中自SR2开始出现显著性差异；5～10 cm土层增加了11.27%～183.47%，其中自SR2开始出现显著性差异；10～20 cm土层增加了14.38%～143.27%，其中自SR3开始出现显著性差异。分析认为，随着秸秆还田年数的增加，各土层LFOC含量先缓慢增加，主要是由于秸秆刚开始分解，秸秆中养分释放缓慢；中期快速增加，主要是由于早期秸秆已降解为腐殖质等物质，提高土壤LFOC供给量；后期缓慢增加，可能是由土壤LFOC含量相对较高，其增加速率和分解速率比较接近所致。2017年LFOC后期增长速度未见放缓，可能是受还田年数较短的限制。

各处理不同土层HFOC变化趋势和SOC相似，随着土壤深度的增加先上升后下降，随着秸秆还田年数增加逐渐上升，但增幅逐渐降低，年度间规律相似。2017年，SR1～SR7各处理0～5 cm土层HFOC含量较NR处理增加了5.20%～27.11%，其中自SR2开始出现显著性差异；5～10 cm土层增加了8.36%～27.06%，自SR1开始出现显著性差异；10～20 cm土层增加了2.85%～15.73%，自SR2开始出现显著性差异。2018年，SR1～SR8各处理0～5 cm土层HFOC含量较NR处理增加了6.45%～25.68%，其中自SR1开始出现显著性差异；5～10 cm土层增加了10.09%～25.94%，自SR1开始出现显著性差异；10～20 cm土层增加了3.78%～19.85%，自SR2开始出现显著性差异。分析认为，各处理HFOC含量随着土壤深度的增加呈现先上升后下降的趋势，主要是因为：0～5 cm土层直接与空气接触，SOC的分解强度高于5～10 cm土层，导致0～5 cm土层HFOC含量不及5～10 cm土层；秸秆还田深度15 cm，导致秸秆在10～20 cm土层分布量低于5～10 cm土层，且该土层小麦根系残留量低于5～10 cm土层，导致10～20 cm土层的额外有机碳输入量低于5～10 cm土层。随着秸秆还田年数的增加，不同处理各土层HFOC含量逐渐增加，但增速逐渐降低，主要是因为随着秸秆还田年数增加，SOC含量逐渐提高，土壤微生物量和微生物活性也随之增加，对土壤HFOC的分解强度亦在增加，而秸秆每年还田量相同，当秸秆还田达到一定年数后，秸秆还田带来的有机碳输入和土壤HFOC分解速率逐渐接近，导致土壤HFOC含量增速降低。2017年0～5 cm土层和5～10 cm土层以及2018年0～5 cm土层HFOC含量SR7较SR6有所下降，可能是由该年土壤HFOC分解量高于有机碳新增量所致。

各处理0～20 cm不同土层土壤轻组组分及LFOC的分配比例如表5-1所示。

可以看出，土壤轻组组分占全土比例为1.70%～3.21%，但是土壤LFOC占SOC比例为3.49%～7.92%，说明土壤轻组组分中有机碳含量较高。0～5 cm土层轻组组分分配比例总体呈现随秸秆还田年数增加而逐渐提高的趋势，与NR相比，2017年SR1～SR7各处理轻组组分分配比例提高14.14%～31.25%，2018年SR1～SR8各处理轻组组分分配比例提高3.88%～24.03%。5～10 cm土层轻组组分分配比例随秸秆还田年数增加呈波浪式缓慢上升趋势，10～20 cm土层总体呈上升趋势。分析认为，秸秆还田后腐解产生的腐殖质和糖类物质等具有一定的胶粘作用，有助于促进土壤大团聚体的形成，起到保护土壤轻组组分这一活性组分的作用。在土壤轻组组分分配比例随秸秆还田年数逐渐上升的过程中出现的个别少数处理较上一年下降的现象，可能与耕作、气象条件等因素有关。除了2018年10～20 cm土层LFOC分配比例SR2较SR1有所降低外，其他土层土壤LFOC分配比例均随秸秆还田年数增加而逐渐提高。分析认为，还田秸秆腐解后向土壤中输送的各类有机物质提高了土壤活性有机碳比例，有利于提高土壤LFOC占比，同时秸秆还田促进土壤大团聚体的形成，提高了对SOC的保护，有利于降低LFOC的分解速率，进一步提高了土壤其LFOC分配比例。

表5-1　秸秆还田年数对土壤有机碳组分分配比例的影响　　　单位：%

| 土层 | 处理 | 2017 | | | | 2018 | | | |
|---|---|---|---|---|---|---|---|---|---|
| | | 轻组 | 轻组碳 | 颗粒组 | 颗粒态碳 | 轻组 | 轻组碳 | 颗粒组 | 颗粒态碳 |
| 0～5 cm | NR | 2.45c | 4.11e | 25.07c | 26.35cd | 2.57d | 4.12f | 25.56bc | 26.35bc |
| | SR1 | 2.79b | 4.29e | 24.92c | 24.20e | 2.67cd | 4.05f | 25.16c | 25.87c |
| | SR2 | 2.93ab | 4.81d | 29.11a | 25.17de | 2.97ab | 4.83e | 28.77ab | 29.14a |
| | SR3 | 2.80 | 5.20d | 28.70a | 25.66de | 2.75c | 5.33d | 29.67a | 30.19a |
| | SR4 | 2.90b | 5.95c | 28.86a | 27.91c | 2.87bc | 6.08c | 28.39ab | 27.91b |
| | SR5 | 2.88b | 6.81b | 26.45bc | 28.68bc | 2.93ab | 6.85b | 27.02b | 28.68ab |
| | SR6 | 2.94ab | 7.18ab | 27.72ab | 30.92ab | 2.97ab | 7.41ab | 28.17ab | 29.67a |
| | SR7 | 3.21a | 7.70a | 28.43a | 33.21a | 3.19a | 7.72a | 28.11ab | 29.04a |
| | SR8 | | | | | 3.11a | 8.01a | 29.79a | 30.21a |

（续表）

| 土层 | 处理 | 2017 | | | | 2018 | | | |
|---|---|---|---|---|---|---|---|---|---|
| | | 轻组 | 轻组碳 | 颗粒组 | 颗粒态碳 | 轻组 | 轻组碳 | 颗粒组 | 颗粒态碳 |
| 5~10 cm | NR | 2.53b | 4.31e | 26.62d | 27.18d | 2.46c | 3.87 g | 27.22d | 27.18e |
| | SR1 | 2.65ab | 4.36e | 27.86cd | 27.02d | 2.57bc | 3.91 g | 27.39cd | 28.02de |
| | SR2 | 2.16c | 4.84d | 31.69a | 28.51cd | 2.18d | 4.37f | 31.17b | 30.39cd |
| | SR3 | 2.55b | 5.30cd | 31.57ab | 30.02bc | 2.61ab | 5.12e | 32.03ab | 32.25bc |
| | SR4 | 2.63ab | 5.79c | 31.01ab | 30.31bc | 2.69ab | 6.23d | 30.13bc | 29.87cd |
| | SR5 | 2.71a | 6.75b | 29.32bc | 32.03ab | 2.65ab | 7.17c | 28.77cd | 29.57cd |
| | SR6 | 2.60ab | 7.14b | 32.67a | 31.82ab | 2.69ab | 7.35bc | 31.70b | 31.82bc |
| | SR7 | 2.73a | 7.92a | 33.35a | 33.76a | 2.75a | 7.91ab | 32.52ab | 33.76ab |
| | SR8 | | | | | 2.77a | 8.32a | 34.65a | 35.73a |
| 10~20 cm | NR | 1.73d | 3.87d | 29.81cd | 25.78de | 1.76d | 3.43f | 29.44de | 27.78c |
| | SR1 | 2.07bc | 3.49e | 27.01e | 24.04e | 2.08c | 3.77f | 26.09f | 27.54c |
| | SR2 | 1.70d | 3.89d | 27.64de | 27.13cd | 1.74d | 3.60f | 28.87e | 28.71c |
| | SR3 | 1.90c | 4.07d | 34.25ab | 29.34c | 1.84d | 4.37e | 33.53bc | 32.81b |
| | SR4 | 2.09bc | 5.16c | 34.13ab | 32.81b | 2.14c | 5.17d | 33.77bc | 32.81b |
| | SR5 | 2.43a | 5.62bc | 32.44bc | 36.33a | 2.34b | 5.76c | 31.70cd | 32.98b |
| | SR6 | 2.17b | 6.03ab | 33.11ab | 35.63a | 2.20bc | 6.13bc | 34.52ab | 35.64ab |
| | SR7 | 2.26ab | 6.30a | 35.76a | 37.38a | 2.22bc | 6.31ab | 36.88a | 37.37a |
| | SR8 | | | | | 2.59a | 6.72a | 35.96ab | 36.59a |

综上所述，土壤LFOC和HFOC随着土壤深度的增加总体上呈先上升后下降的趋势，主要原因是表层土壤LFOC和HFOC与空气直接接触较容易被分解，以及10~20 cm土层秸秆和根量不及5~10 cm土层。随着秸秆还田年数的增加，土壤LFOC和HFOC含量逐渐升高，但是增幅逐渐降低，主要由于随着SOC含量的增加，微生物数量和活性也随之增加，导致LFOC和HFOC的分解速率也在增加，然而每年秸秆还田量固定不变，最终导致LFOC和HFOC含量增幅逐渐降低。随秸秆还田年数增加，土壤轻组组分分配比例总体呈波浪式上升趋势，而土

壤LFOC分配比例则逐渐上升，主要由于秸秆腐解后向土壤输入较高的活性有机碳，同时对土壤的保护作用降低了LFOC的分解。相关性分析表明（表5-2），2017年LFOC、HFOC和SOC含量之间的皮尔逊相关系数分别为0.936和0.669（$P<0.01$），2018年为0.947和0.879（$P<0.01$），说明二者均可以作为指示SOC变化的指标，且LFOC与SOC的相关性高于HFOC。

表5-2　土壤有机碳及其各组分含量之间的皮尔逊相关系数

| 因子 | 2017 | | | | | 2018 | | | | |
| --- | --- | --- | --- | --- | --- | --- | --- | --- | --- | --- |
| | SOC | LFOC | HFOC | POC | MOC | SOC | LFOC | HFOC | POC | MOC |
| SOC | 1 | | | | | 1 | | | | |
| LFOC | 0.936[**] | 1 | | | | 0.947[**] | 1 | | | |
| HFOC | 0.669[**] | 0.790[**] | 1 | | | 0.879[**] | 0.873[**] | 1 | | |
| POC | 0.782[**] | 0.895[**] | 0.881[**] | 1 | | 0.864[**] | 0.846[**] | 0.695[**] | 1 | |
| MOC | 0.603[**] | 0.713[**] | 0.976[**] | 0.761[**] | 1 | 0.772[**] | 0.783[**] | 0.965[**] | 0.488[*] | 1 |

## 5.2.3　土壤颗粒态碳及矿物结合态碳含量和分配比例

各处理不同土层POC和MOC含量如图5-5所示。可以看出，各处理POC含量随着土壤深度的增加呈现先上升后降低的趋势。2017年，各土层POC含量总体表现为随着秸秆还田年数的增加呈现逐渐上升的趋势，其中10~20 cm土层POC含量在后期有增速减缓的趋势。SR1~SR7各处理与NR处理相比，0~5 cm土层POC含量增加了−3.21%~65.85%，其中自SR3开始出现显著性差异；5~10 cm土层增加了7.78%~62.98%，自SR2开始出现显著性差异；10~20 cm土层增加了−4.45%~72.19%，自SR3开始出现显著性差异。分析认为，各处理POC含量随土壤深度的增加先增后减，主要是秸秆均匀分布于0~15 cm土层，在0~5 cm土层中分布量与5~10 cm土层中相同，但是0~5 cm土层直接接触空气，SOC更加容易分解，特别是POC这一活性相对较高的组分，导致其在0~5 cm土层中的分布不及5~10 cm土层。而10~20 cm土层中秸秆含量和根系残留量均不及5~10 cm土层，其POC的输入量低于5~10 cm土层。0~5 cm和10~20 cm土层POC含量SR1较NR有所降低，主要是因为秸秆还田时间较短，还未能有效降解进而提供额外碳源，并且秸秆还田会导致土壤微生物量的增加，导致原有POC的分解加强。

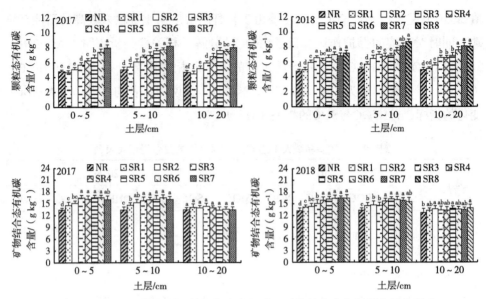

图5-5　秸秆还田年数对土壤颗粒态有机碳和矿物结合态有机碳含量的影响

2018年各处理POC含量变化规律和2017年相似，随着土壤深度的增加先升后降。不同处理各土层POC含量随着秸秆还田年数增加逐渐上升，其中0～5 cm土层增幅逐渐减缓，年度间差异可能和气象条件、作物生长情况等因素有关。SR1～SR8各处理与NR处理相比，0～5 cm土层POC含量增加了4.43%～50.18%，其中自SR2开始出现显著性差异；5～10 cm土层增加了13.54%～73.57%，自SR1开始出现显著性差异；10～20 cm土层增加了3.25%～63.43%，自SR2开始出现显著性差异。分析认为，0～5 cm和10～20 cm土层POC含量增幅在后期有降低的趋势，主要是因为微生物量的增加导致POC分解强度逐渐增加，但年度间秸秆还田量是相同的，导致外源有机碳输入量保持不变。

土壤MOC含量随土壤深度的增加所呈现的变化规律因秸秆还田年数长短有所不同。当秸秆还田年数<3时，各处理MOC含量随土壤深度的增加先升后降，当秸秆还田年数≥3时，各处理MOC含量随土壤深度的增加逐渐降低。出现这种现象主要是因为表层土壤直接与空气接触，秸秆腐解速度不及深层土壤，土壤获得的外源有机碳输入量低于深层土壤。当秸秆还田年数较长时，深层土壤中秸秆腐解后产生的腐殖质等物质能促进土壤颗粒组分的形成和稳定性，促进SOC向颗粒组分转移，从而降低了MOC含量。而表层土壤容易受到风蚀等外界因素的影响，土壤颗粒组分的稳定性不及深层土壤，从而造成表层土壤MOC含量高于深层土壤。

2017年，SR1～SR7各处理0～5 cm土层MOC含量较NR处理增加了8.45%～23.27%，其中自SR1开始出现显著性差异；5～10 cm土层增加了8.67%～22.60%，自SR1开始出现显著性差异；10～20 cm土层增加了-0.23%～6.80%，各处理间差异不显著。2018年，SR1～SR8各处理0～5 cm土层MOC含量较NR处理增加了7.06%～24.54%，其中自SR1开始出现显著性差异；5～10 cm土层增加了8.86%～22.04%，自SR1开始出现显著性差异；10～20 cm土层增加了4.49%～8.94%，SR2、SR8与NR存在显著性差异。分析认为，各处理10～20 cm土层MOC含量低于5～10 cm土层，主要是因为秸秆含量和根系残留量的差异导致外源有机碳输入量的差异。随着秸秆还田年数的增加，各处理MOC含量逐渐增加，主要是由于秸秆还田增加了有机碳输入量。当秸秆还田年数较长时，部分土层MOC含量增长缓慢甚至出现下降的现象，主要是因为秸秆腐解后产生的腐殖质等物质促进了土壤颗粒态组分的形成，提高了其稳定性，促进了SOC向颗粒态组分中的转移，从而降低了MOC含量。

各处理0～20 cm不同土层土壤颗粒态组分分配比例和POC含量分配比例如表5-1所示，土壤颗粒态组分的分配比例2017年为24.92%～35.76%，2018年为25.16%～36.88%；POC含量的分配比例2017年为24.20%～37.38%，2018年为25.87%～37.37%。可以看出，0～5 cm土层颗粒态组分分配比例低于5～10 cm和10～20 cm土层，主要是因为表层土壤容易受到风蚀等外界因素的影响，同时该层土壤直接和空气接触，腐殖质等物质比较容易分解，因而土壤颗粒态组分稳定性低于深层土壤。总体而言，土壤颗粒态组分分配比例和POC分配比例随秸秆还田年数的增加而上升，主要是由于还田秸秆降解后形成的腐殖质等物质一方面有促进土壤颗粒态组分形成和保护组分稳定性的作用，另一方面向土壤输入的有机碳多以活性组分存在，容易进入颗粒态组分中进而提高POC分配比例。各土层土壤颗粒态组分和POC含量分配比例在随秸秆还田年数增加而上升的过程中都存在一定的波动现象，可能和耕作、气象条件、作物生长情况等因素有关。

综上所述，随着土壤深度的增加，土壤POC含量呈先升后降的趋势，MOC含量在秸秆还田年数较短时呈先升后降的趋势，秸秆还田年数较长时则呈逐渐降低的趋势。随着秸秆还田年数的增加，各土层POC含量逐渐上升，其中10～20 cm土层到后期增幅有所减缓。MOC含量初期逐渐上升，后期增长缓慢甚至有所降低。POC和MOC随土层和秸秆还田年数变化所呈现的规律主要和秸秆与根系的残留状况以及有机碳在这两种有机碳组分之间的分配比例有关。相关性分析表明（表5-2），2017年POC、MOC和SOC含量之间的皮尔逊相关系数分别为0.782和0.603（$P<0.01$），2018年为0.864和0.772（$P<0.01$），说明二者均可以作为指示SOC变化的指标，且POC与SOC的相关性高于MOC。

### 5.2.4　土壤有机碳及其各组分含量变化率

表5-3为不同土层各处理SOC及其组分含量较NR处理的变化情况，可以看出，在SOC及其组分变化率中，0~5 cm土层除了POC外其他均为正值，5~10 cm土层均为正值，10~20 cm土层除了LFOC、POC和MOC外其他均为正值。各处理SOC变化率为2.45%~32.04%，LFOC含量变化率为-7.59%~183.47%，HFOC变化率为2.85%~27.11%，POC含量变化率为-4.45%~72.19%，MOC变化率为-0.23%~23.27%，表明在0~20 cm各土层中，土壤LFOC的变化率均高于SOC和HFOC、POC和MOC，对秸秆还田年数表现出了最高的敏感性，其次为POC，HFOC和MOC的敏感度较低。各土层SOC及其组分变化率随着秸秆还田年数增加总体呈上升趋势，但是HFOC和MOC变化率部分在后期有所降低。相关性分析表明，SOC变化率与LFOC、HFOC、POC和MOC变化率极显著相关（$P<0.01$），其中2017年与HFOC变化率相关性最高，皮尔逊相关系数为0.997，其次为LFOC（$r=0.939$），最后为POC（$r=0.802$），2018年变化基本一致。虽然HFOC变化率与SOC变化率相关性最高，但其变化率较低，对管理措施反应不敏感，而LFOC变化率最高，是反映SOC含量受秸秆还田年数影响的最佳指标。

表5-3　秸秆还田年数对土壤有机碳及其组分变化率的影响　　单位：%

| 土层 | 处理 | 2017 | | | | | 2018 | | | | |
|---|---|---|---|---|---|---|---|---|---|---|---|
| | | 有机碳 | 轻组碳 | 重组碳 | 颗粒态碳 | 矿物结合态碳 | 有机碳 | 轻组碳 | 重组碳 | 颗粒态碳 | 矿物结合态碳 |
| 0~5 cm | NR | 0.00 | 0.00 | 0.00 | 0.00 | 0.00 | 0.00 | 0.00 | 0.00 | 0.00 | 0.00 |
| | SR1 | 5.38 | 9.69 | 5.20 | -3.21 | 8.45 | 6.37 | 4.35 | 6.45 | -0.97 | 6.11 |
| | SR2 | 10.54 | 29.45 | 9.73 | 5.58 | 12.32 | 12.95 | 32.27 | 12.12 | 16.48 | 6.41 |
| | SR3 | 21.31 | 52.94 | 19.95 | 18.14 | 22.44 | 20.49 | 55.88 | 18.97 | 37.71 | 5.14 |
| | SR4 | 22.95 | 77.35 | 20.62 | 30.23 | 20.35 | 23.00 | 81.42 | 20.49 | 23.12 | 11.42 |
| | SR5 | 27.29 | 110.22 | 23.73 | 38.55 | 23.27 | 26.91 | 110.85 | 23.30 | 30.41 | 14.11 |

（续表）

| 土层 | 处理 | 2017 | | | | | 2018 | | | | |
|---|---|---|---|---|---|---|---|---|---|---|---|
| | | 有机碳 | 轻组碳 | 重组碳 | 颗粒态碳 | 矿物结合态碳 | 有机碳 | 轻组碳 | 重组碳 | 颗粒态碳 | 矿物结合态碳 |
| 0～5 cm | SR6 | 31.30 | 128.73 | 27.11 | 54.10 | 23.15 | 29.93 | 133.51 | 25.47 | 34.28 | 16.13 |
| | SR7 | 31.58 | 146.40 | 26.64 | 65.85 | 19.31 | 29.26 | 142.06 | 24.41 | 30.93 | 15.92 |
| | SR8 | | | | | | 30.99 | 154.54 | 25.68 | 47.35 | 16.33 |
| 5～10 cm | NR | 0.00 | 0.00 | 0.00 | 0.00 | 0.00 | 0.00 | 0.00 | 0.00 | 0.00 | 0.00 |
| | SR1 | 8.43 | 9.85 | 8.36 | 7.78 | 8.67 | 10.13 | 11.27 | 10.09 | 0.66 | 8.39 |
| | SR2 | 15.77 | 30.08 | 15.12 | 21.44 | 13.65 | 15.12 | 29.92 | 14.52 | 10.34 | 14.27 |
| | SR3 | 22.08 | 50.19 | 20.81 | 34.85 | 17.31 | 17.80 | 55.67 | 16.27 | 26.92 | 16.82 |
| | SR4 | 24.36 | 67.16 | 22.43 | 38.67 | 19.02 | 22.45 | 96.91 | 19.45 | 22.27 | 20.14 |
| | SR5 | 28.28 | 100.87 | 25.01 | 51.16 | 19.73 | 26.18 | 133.59 | 21.85 | 27.63 | 18.55 |
| | SR6 | 30.94 | 117.09 | 27.06 | 53.29 | 22.60 | 28.81 | 144.44 | 24.15 | 52.59 | 19.57 |
| | SR7 | 31.21 | 141.01 | 26.27 | 62.98 | 19.36 | 30.83 | 167.31 | 25.33 | 61.30 | 21.49 |
| | SR8 | | | | | | 32.04 | 183.47 | 25.94 | 60.68 | 20.69 |
| 10～20 cm | NR | 0.00 | 0.00 | 0.00 | 0.00 | 0.00 | 0.00 | 0.00 | 0.00 | 0.00 | 0.00 |
| | SR1 | 2.45 | −7.59 | 2.85 | −4.45 | 4.84 | 4.15 | 14.38 | 3.78 | −5.63 | 7.83 |
| | SR2 | 5.73 | 6.24 | 5.71 | 11.28 | 3.80 | 8.75 | 14.14 | 8.55 | 12.00 | 10.47 |
| | SR3 | 12.18 | 17.88 | 11.95 | 27.68 | 6.80 | 12.83 | 43.74 | 10.81 | 31.16 | 7.12 |
| | SR4 | 14.85 | 53.40 | 13.30 | 46.18 | 3.97 | 12.32 | 69.50 | 10.29 | 29.07 | 12.37 |
| | SR5 | 16.30 | 68.65 | 14.19 | 63.89 | −0.23 | 16.70 | 56.68 | 13.88 | 34.06 | 9.01 |
| | SR6 | 16.96 | 82.25 | 14.33 | 61.67 | 1.44 | 19.70 | 114.06 | 16.36 | 42.25 | 14.21 |
| | SR7 | 18.74 | 93.46 | 15.73 | 72.19 | 0.18 | 22.03 | 124.63 | 18.39 | 57.02 | 11.42 |
| | SR8 | | | | | | 24.08 | 143.27 | 19.85 | 64.66 | 12.01 |
| 皮尔逊相关系数 | | 0.939** | 0.997** | 0.802** | 0.809** | | 0.940** | 0.996** | 0.826** | 0.855** | |

## 5.3 土壤团聚体结构及团聚体有机碳分布

不同秸秆还田年数处理0～20 cm土层水稳性团聚体分布情况如表5-4所示，可以看出，>2 mm、0.25～2 mm、0.053～0.25 mm和<0.053 mm团聚体含量分别为16.67%～28.95%、39.04%～47.91%、20.62%～23.56%和10.90%～15.71%。各处理团聚体以>0.25 mm大团聚体为主，占63.00%～67.99%。随着秸秆还田年数的增加，不同粒级团聚体含量变化趋势不同，其中>2 mm团聚体呈先下降后上升趋势，0.25～2 mm团聚体刚好相反，先上升后下降。0.053～0.25 mm团聚体变化幅度不大，呈先缓慢上升后缓慢下降趋势，<0.053 mm团聚体先小幅上升，后逐渐下降。分析认为，>2 mm团聚体含量在秸秆还田年数较短的处理中（SR1、SR2）较NR有所降低，主要是因为此时秸秆尚未完全降解，其促进土壤团聚体形成的能力尚未显现，而未降解的秸秆在一定程度上可能会阻碍土壤颗粒的聚合。随着秸秆还田年数的增加，秸秆腐解产生的腐殖质等具有促进土壤大团聚体形成和提高大团聚体稳定性的作用，故>2 mm团聚体含量逐渐增加。0.25～2 mm团聚体在秸秆还田年数较短的处理中（SR1、SR2）较NR有所升高，这可能来源于更大粒级团聚体分解以及更小粒级团聚体的聚合，之后随着秸秆还田年数的增加，该粒级团聚体逐渐聚合形成更大粒级团聚体，从而使含量逐渐降低。0.053～0.25 mm团聚体变化幅度不大，主要原因是该粒级团聚体的形成速度和分解速度相差不大。<0.053 mm团聚体含量初始有小幅提高，这主要是由更大粒级团聚体分解产生。之后随着秸秆还田年数的增加，土壤颗粒的团聚过程逐渐增强，该粒级团聚体逐渐形成更大粒级团聚体，导致其含量逐渐下降。

表5-4 不同秸秆还田年数各处理的土壤水稳性团聚体分布　　　　　单位：%

| 处理 | 大团聚体 | | | 微团聚体 | | |
|---|---|---|---|---|---|---|
| | >2 mm | 0.25～2 mm | 合计 | 0.053～0.25 mm | <0.053 mm | 合计 |
| NR | 18.16de | 44.84ab | 63.00 | 21.33bc | 15.67a | 37.00 |
| SR1 | 16.72e | 46.79a | 63.51 | 20.78c | 15.71a | 36.49 |
| SR2 | 17.64de | 47.91a | 65.55 | 20.62c | 13.83b | 34.45 |
| SR3 | 18.68d | 45.32ab | 64.00 | 22.81ab | 13.19bc | 36.00 |
| SR4 | 21.53c | 42.54bc | 64.07 | 23.56a | 12.37cd | 35.93 |

（续表）

| 处理 | 大团聚体 | | | 微团聚体 | | |
|------|---------|-----------|------|---------------|-----------|------|
| | >2 mm | 0.25 ~ 2 mm | 合计 | 0.053 ~ 0.25 mm | <0.053 mm | 合计 |
| SR5 | 25.31b | 40.35c | 65.66 | 22.83ab | 11.51de | 34.34 |
| SR6 | 27.92ab | 39.53c | 67.45 | 21.52bc | 11.03e | 32.55 |
| SR7 | 28.47a | 39.16c | 67.63 | 20.89c | 11.48de | 32.37 |
| SR8 | 28.95a | 39.04c | 67.99 | 21.11bc | 10.90e | 32.01 |

结果表明（图5-6），不同粒级水稳性团聚体中的有机碳含量呈现一定的特征，其中>2 mm、0.25 ~ 2 mm、0.053 ~ 0.25 mm和<0.053 mm团聚体中有机碳含量分别为18.38 ~ 24.58 g kg$^{-1}$、20.98 ~ 23.47 g kg$^{-1}$、19.37 ~ 22.24 g kg$^{-1}$和13.48 ~ 19.38 g kg$^{-1}$。各处理不同粒级水稳性团聚体中的有机碳含量变化趋势：随着团聚体粒级的降低，NR ~ SR3、SR6处理团聚体有机碳含量呈先增后降的趋势，SR4、SR5、SR7、SR8处理团聚体有机碳含量呈逐渐降低的趋势。总体而言，>0.25 mm大团聚体中有机碳含量高于<0.25 mm微团聚体，表明有机碳主要分布在大团聚体中。

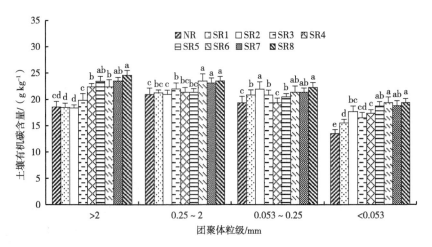

**图5-6　不同秸秆还田年数各处理土壤各粒级水稳性团聚体中有机碳含量**

秸秆还田年数对不同粒级团聚体有机碳含量具有一定的影响，除0.053 ~ 0.25 mm团聚体外，其他粒级团聚体中有机碳含量随着秸秆还田年数增加总体呈上升趋势，0.053 ~ 0.25 mm团聚体呈上升-下降-上升的趋势。分析认为，>2 mm、0.25～2 mm和<0.053 mm团聚体中有机碳含量随秸秆还田年数增加呈上升趋势，主要是由于秸秆还田增加SOC供应，相应地也增加团聚体中有机碳含量。0.053～0.25 mm团聚体有机碳含量在上升中出现下降的趋势，可能是该粒级团聚体中有机碳转移到了更高粒级所致。

本书通过湿筛法对土壤水稳性团聚体进行分离，分离过程可能影响有机碳的回收效果。从贡献率看（表5-5），不同处理各粒级水稳性团聚体分离的有机碳贡献率为98.29%～106.59%，表明在土壤团聚体分离未使有机碳造成明显损失，获得的各粒级团聚体有机碳含量分布的结果是可靠的。

表5-5　不同粒级水稳性团聚体对土壤有机碳的贡献率　　　　　　单位：%

| 处理 | 大团聚体 | | | 微团聚体 | | |
|---|---|---|---|---|---|---|
| | >2 mm | 0.25～2 mm | 总和 | 0.053～0.25 mm | <0.053 mm | 总和 |
| NR | 18.89d | 52.71a | 71.60 | 23.15a | 11.84a | 34.98 |
| SR1 | 16.30e | 52.53a | 68.83 | 22.84a | 12.83a | 35.67 |
| SR2 | 16.31e | 50.56ab | 66.86 | 22.75a | 12.29a | 35.04 |
| SR3 | 17.90de | 48.11b | 66.01 | 22.95a | 10.50b | 33.45 |
| SR4 | 22.96c | 43.35c | 66.31 | 21.76ab | 10.23bc | 31.98 |
| SR5 | 27.30b | 39.75d | 67.05 | 21.53ab | 9.93bcd | 31.46 |
| SR6 | 28.12ab | 41.69cd | 69.81 | 20.70bc | 9.61bcd | 30.32 |
| SR7 | 29.72ab | 40.17cd | 69.89 | 19.85c | 9.58cd | 29.43 |
| SR8 | 31.19a | 40.16cd | 71.35 | 20.57bc | 9.26d | 29.83 |

结果表明，各处理土壤>2 mm、0.25～2 mm、0.053～0.25 mm和<0.053 mm团聚体中有机碳占SOC的比例分别为16.30%～31.19%、39.75%～52.71%、19.85%～23.15%和9.26%～12.83%。有机碳大部分分布在>0.25 mm的大团聚体中，大团聚体对SOC的贡献率为66.01%～71.60%。各处理0.25～2 mm团聚体贡献率最高，贡献率第二的团聚体粒级SR4～SR8各处理是>2 mm，NR～SR3各处理是0.053～0.25 mm。秸秆还田年数显著影响各粒级团聚体对SOC的贡献率，随着秸秆还田年数增加，>2 mm团聚体有机碳贡献率总体呈上升趋势，0.25～2 mm团聚体呈下降趋势，0.053～0.25 mm团聚体呈缓慢下降趋势，<0.053 mm团聚体呈下降趋势。分析认为，土壤团聚体有机碳贡献率是由团聚体分配比例和团聚

体有机碳含量共同决定。>2 mm团聚体比例和团聚体有机碳含量均随秸秆还田年数增加而上升，故该粒级团聚体有机碳贡献率亦随秸秆还田年数增加而增加。0.25~2 mm团聚体有机碳含量虽然随着秸秆还田年数增加而增加，但是该粒级团聚体比例却逐渐下降，导致其有机碳贡献率也随之下降。同理，0.053~0.25 mm和<0.053 mm团聚体有机碳贡献率随秸秆还田年数下降的原因主要与该粒级团聚体比例降低有关。从表5-6可以看出，>2 mm、>0.25 mm团聚体含量与SOC含量呈极显著正相关关系（$P<0.01$），0.25~2 mm、<0.053 mm、<0.25 mm团聚体含量与SOC含量呈显著（$P<0.05$）或极显著负相关关系（$P<0.01$）。

表5-6　土壤水稳性团聚体分布与有机碳含量的皮尔逊相关系数

| 指标 | 土壤容重 | 团聚体粒级 | | | | | |
| --- | --- | --- | --- | --- | --- | --- | --- |
| | | >2 mm | 0.25~2 mm | 0.053~0.25 mm | <0.053 mm | >0.25 mm | <0.25 mm |
| SOC | −0.965** | 0.898** | −0.831** | 0.153 | −0.974** | 0.874** | −0.874** |

## 5.4　土壤有机碳储量

本书采用等质量法评价有机碳储量差异以消除因秸秆还田引起的土壤质量不同而带来的有机碳储量差异。因NR处理0~5 cm、0~10 cm、0~20 cm土层的土壤质量最大，故将其作为$M_j$计算各处理的等质量有机碳储量（表5-7）。秸秆还田年数对有机碳储量影响显著，且在不同土壤深度表现相似的趋势，均随着秸秆还田年数的增加而增加。与NR处理相比，各秸秆还田年数各处理0~5 cm土层有机碳储量2017年增加5.38%~31.58%，2018年增加6.37%~30.99%；0~10 cm土层有机碳储量2017年增加6.91%~31.39%，2018年增加8.27%~31.52%；0~20 cm土层有机碳储量2017年增加4.70%~25.12%，2018年增加6.23%~27.85%。

表5-7　不同秸秆还田年数处理等质量有机碳储量　　　　　　单位：Mg hm$^{-2}$

| 处理 | 2017 | | | 2018 | | |
| --- | --- | --- | --- | --- | --- | --- |
| | 0~5 cm | 0~10 cm | 0~20 cm | 0~5 cm | 0~10 cm | 0~20 cm |
| NR | 12.19d | 24.64e | 51.00c | 11.82e | 24.59e | 50.77f |
| SR1 | 12.85cd | 26.35de | 53.39c | 12.57de | 26.62d | 53.93ef |

（续表）

| 处理 | 2017 | | | 2018 | | |
|---|---|---|---|---|---|---|
| | 0 ~ 5 cm | 0 ~ 10 cm | 0 ~ 20 cm | 0 ~ 5 cm | 0 ~ 10 cm | 0 ~ 20 cm |
| SR2 | 13.48c | 27.89cd | 55.83bc | 13.35cd | 28.04cd | 56.57de |
| SR3 | 14.79b | 29.99bc | 59.66ab | 14.24bc | 29.29bc | 58.90cd |
| SR4 | 14.99ab | 30.47b | 60.84ab | 14.54ab | 30.18abc | 59.70bcd |
| SR5 | 15.52ab | 31.49ab | 62.26a | 15.00ab | 31.11ab | 61.77abc |
| SR6 | 16.01a | 32.31a | 63.29a | 15.35a | 31.81ab | 63.25ab |
| SR7 | 16.04a | 32.38a | 63.81a | 15.28ab | 31.98a | 64.01ab |
| SR8 | | | | 15.48a | 32.34a | 64.90a |

对2018年0 ~ 20 cm土层有机碳储量与秸秆还田年数进行相关性分析（图5-7），可以看出秸秆还田8 a内0 ~ 20 cm土层有机碳储量随着秸秆还田年数增加而增加，但增幅逐渐减小，两者关系符合二次回归方程，$R^2$为0.995 6，达到极显著水平（$P<0.01$）。分析认为，有机碳储量随着秸秆还田年数增加而上升，主要是还田秸秆腐解后产生腐殖质等物质向土壤提供外源有机碳输入。随着土壤有机质的逐年增加，土壤微生物量和活性也在不断增加，其对有机碳的分解速率也在逐年提高，最终导致有机碳储量增幅逐渐降低。

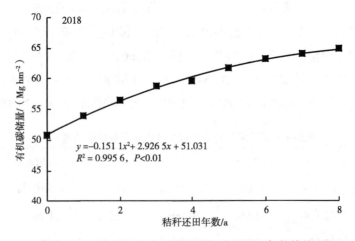

图5-7　0 ~ 20 cm土层有机碳储量与秸秆还田年数的关系

## 5.5　小结

秸秆还田年数对不同土层SOC含量影响显著，随着秸秆还田年数的增加，0～20 cm内各土层SOC含量逐渐提高，但是增速逐渐降低，主要是由于有机碳的输入和分解速率之间的差异逐渐减小。随着秸秆还田年数的增加，0～5 cm：5～10 cm SOC层化率呈先降低后上升再趋于平稳的趋势，0～5 cm：10～20 cm SOC层化率则呈先上升后下降的趋势，主要是由不同土层SOC输入速率和分解速率的差异所致。0～20 cm各土层有机碳储量均随着秸秆还田年数的增加而升高，但增幅逐渐减缓，符合二次回归方程，表明秸秆还田具有良好的固碳效应，但是随着土壤碳储量的不断上升，固碳效应逐渐降低。

不同秸秆还田年数对SOC的保护和输入量不同进而影响SOC及其组分含量。总体而言，土壤LFOC、HFOC、POC和MOC含量均随着秸秆还田年数的增加而上升，但是LFOC和POC的增速明显高于HFOC和MOC，其中MOC到了后期部分出现下降趋势。SOC变化率与LFOC、HFOC、POC和MOC变化率极显著相关，其中HFOC变化率与SOC变化率相关性最强，LFOC次之，但LFOC对秸秆还田表现出了最高的敏感性，说明在各有机碳组分中，LFOC是指示秸秆还田对SOC影响的最佳指标。可见，秸秆还田能够增强表层土壤碳库，有助于改善土壤质量，通过监测LFOC变化可以及时了解秸秆还田对有机碳库的影响。

不同秸秆还田年数对SOC的输入和对土壤结构的改善作用同样影响土壤团聚体分布及各粒级团聚体中有机碳的分配。总体而言，>2 mm团聚体呈上升趋势，0.25～2 mm和<0.053 mm团聚体呈下降趋势，0.053～0.25 mm团聚体变化幅度不大，呈先缓慢上升后缓慢下降趋势。土壤各粒级团聚体有机碳含量随秸秆还田年数增加而上升，但是各粒级团聚体对有机碳贡献率的变化规律和团聚体分配比例的变化规律相似。>0.25 mm大团聚体对SOC的贡献率最大。>2 mm、>0.25 mm团聚体含量与SOC含量呈极显著正相关关系（$P<0.01$），0.25～2 mm、<0.053 mm、<0.25 mm团聚体含量与SOC含量呈极显著负相关关系（$P<0.01$）。

# 第6章 稻麦轮作农田土壤氮组分对秸秆还田年数的响应

秸秆还田增加了土壤氮素输入，有利于提高土壤TN水平。与秸秆不还田相比，水稻秸秆还田4 a可以提高土壤有效氮含量27.5%，TN含量10.8%，在0～20 cm土层效果更明显。连续秸秆还田试验表明，土壤TN含量并不是总随着秸秆还田年数的增加而逐渐提高[46]。目前，有关连续秸秆还田对长江中下游平原稻麦轮作农田土壤TN的影响已有一定的研究，但是不同秸秆还田年数对土壤LFTN、HFTN、PTN和MTN影响的研究较少，氮素在不同粒级团聚体间的分配规律及其与作物产量的关系尚不明确。本章通过比较分析秸秆不还田及还田1～8 a耕层土壤TN及其组分含量、层化率、碳氮比、各粒级团聚体中全氮分布和全氮储量的变化情况，阐明不同秸秆还田年数对土壤储氮效应的影响，为长江中下游平原稻麦轮作区农田土壤氮库管理，建立合理的秸秆还田措施提供理论依据。

## 6.1 土壤全氮及其组分含量

### 6.1.1 土壤全氮含量及层化率

如图6-1所示，两年度各处理土壤TN含量随土壤深度的增加逐渐降低，且随着秸秆还田年数的增加，各土层TN含量呈逐渐上升的趋势。不同年度间差异表现为各土层TN含量增加的幅度不同，2018年后期各土层TN含量增速逐渐降低。具体表现在，2017年，与NR处理相比，SR1～SR7各处理0～5 cm土层TN含量增加了1.75%～26.62%，5～10 cm土层TN含量增加了3.49%～33.59%，10～20 cm土层TN含量增加了6.60%～38.10%，均是自SR3开始差异达到显著水平；2018年，与NR处理相比，SR1～SR8各处理0～5 cm土层TN含量增加了4.81%～22.00%，其中自SR2

开始出现显著性差异；5～10 cm土层TN含量增加了6.86%～28.62%，其中自SR1
开始出现显著性差异；10～20 cm土层TN含量增加了5.15%～22.48%，其中自SR2
开始出现显著性差异。分析认为，各处理土壤TN含量随土壤深度的增加逐渐降
低，主要是因为秸秆在不同土层的分布差异和根系吸收的不同。秸秆在0～15 cm
土层均匀分布，因此0～5 cm土层和5～10 cm土层秸秆分布密度相同，而10～20 cm
土层中的分布密度低于上层土壤。尽管0～5 cm土层直接接触空气，氮素的分解
强度高于5～10 cm土层，但是小麦根系主要分布于5～10 cm土层，对该土层氮素
的吸收量高于0～5 cm土层，导致5～10 cm土层TN含量低于0～5 cm土层。根系对
10～20 cm土层氮素的吸收低于5～10 cm土层，但是该土层由秸秆输入的氮素低于
5～10 cm土层，导致该土层TN含量低于5～10 cm土层。另外，由于肥料通常施于
0～10 cm土层，亦导致10～20 cm土层TN含量低于5～10 cm土层，上述多重因素
共同导致土壤TN呈现随土壤深度的增加逐渐降低的趋势。随着秸秆还田年数的增
加，各土层土壤TN含量逐渐上升，主要是由于还田秸秆腐解后产生的腐殖质等物
质向土壤输入了额外的氮素。这些氮素多以有机态形式存在，不易被作物直接吸
收利用，故容易在土壤中积累储存，从而随着秸秆还田年数的增加其含量不断提
高。后期土壤TN含量增速逐渐降低，一方面是由于土壤部分有机氮逐渐降解而被
作物吸收，另一方面随着秸秆还田年数增加，TN含量逐渐提高，土壤微生物量和
活性也在不断提高，从而增强了氮素的分解，导致氮素含量增速的降低。

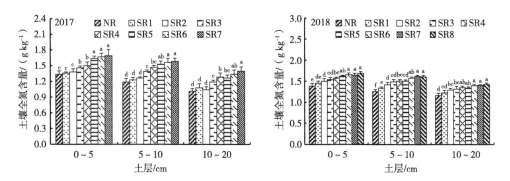

图6-1　不同秸秆还田年数处理不同土层土壤全氮含量

各处理0～5 cm对其他土层TN含量层化率如图6-2所示。可以看出，各处理
0～5 cm：5～10 cm TN层化率均低于0～5 cm：10～20 cm TN层化率，主要是由于
秸秆在10～20 cm土层中的含量低于5～10 cm土层，导致其TN含量也相应较低。随
着秸秆还田年数的增加，0～5 cm：5～10 cm TN层化率总体均呈现先降低后升高

的趋势。分析认为，TN层化率初期逐渐下降，主要是由于0～5 cm土层直接与空气接触，秸秆腐解较慢，秸秆中氮素释放速度也较慢；5～10 cm和10～20 cm土层处于相对厌氧的环境，秸秆腐解速度较快，氮素释放速度高于表层土壤，从而导致5～10 cm和10～20 cm土层TN含量增加速度高于0～5 cm土层，致使TN层化率逐渐降低。到了后期，深层土壤TN增速减缓，加之根系对氮素的吸收高于表层，而表层土壤中的秸秆也逐渐腐解释放出氮素，导致TN层化率出现一定的上升。

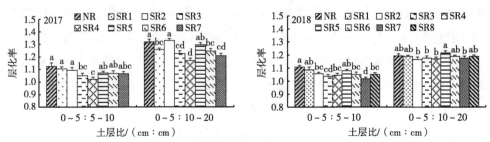

图6-2 不同秸秆还田年数处理土壤全氮含量层化率

各处理0～20 cm土层碳氮比如图6-3所示。2017年，各土层土壤碳氮比为13.64～18.24，2018年为12.94～15.36。2017年，0～5 cm和5～10 cm土层碳氮比呈先上升后下降再趋于平稳的趋势，主要是因为小麦秸秆是高碳氮比物质，还田后会提高土壤碳氮比，而之后土壤碳氮比出现一定的下降，可能是由于耕作、微生物活动导致有机碳分解。后期土壤碳氮比趋于平稳，主要是土壤碳氮分解和吸收利用速率趋于稳定所致。10～20 cm土层碳氮比总体呈下降趋势，可能与上层土壤氮素淋溶到该土层，而该土层氮素受到犁底层的限制较难向更深土层淋溶，导致该土层氮素含量上升，碳氮比下降。2018年，除了0～5 cm土层在秸秆还田年数较短时随年数增加而上升，其他土层碳氮比随秸秆还田年数的增加无显著变化，年度间差异可能与耕作、温度、降水、作物生长情况等因素有关。

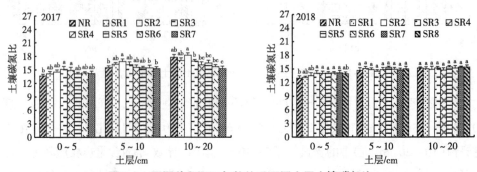

图6-3 不同秸秆还田年数处理不同土层土壤碳氮比

综上所述，各处理土壤 TN 含量随着土壤深度的增加而逐渐下降，主要与秸秆分布和根系吸收有关。随着秸秆还田年数的增加，土壤 TN 含量逐渐提高，但是增幅有降低的趋势，主要与微生物量和活性有关。0～5 cm 对其他土层 TN 层化率总体呈先降低后增加的趋势，主要与不同土层秸秆腐解速度有关，TN 层化率随土层增加而提高，主要取决于不同土层 TN 含量。0～20 cm 土层碳氮比分布区间为 12.94～18.24，不同土层碳氮比随秸秆还田年数增加所呈现的规律不同，主要与微生物分解、氮素淋溶等因素有关，碳氮比变化年度间规律也有所不同，可能与年度间耕作、气象条件、作物生长等因素的差异有关。

## 6.1.2　土壤轻组氮与重组氮含量和分配比例

如图 6-4 所示，两年度各处理土壤 LFTN 含量随土壤深度的增加逐渐降低，且随着秸秆还田年数的增加，各土层 LFTN 含量总体呈逐渐上升的趋势。不同年度间差异表现为各土层 TN 含量增加的幅度不同。与 NR 相比，2017 年 SR1～SR7 各处理 0～5 cm 土层 LFTN 含量提高 -2.37%～114.23%，自 SR3 开始出现显著性差异；5～10 cm 土层 LFTN 含量提高 10.22%～150.73%，自 SR1 开始出现显著性差异；10～20 cm 土层 LFTN 含量提高 3.29%～115.34%，自 SR3 开始出现显著性差异。2018 年 SR1～SR8 各处理 0～5 cm 土层 LFTN 含量提高 9.38%～141.26%，自 SR2 开始出现显著性差异；5～10 cm 土层 LFTN 含量提高 3.91%～142.82%，自 SR2 开始出现显著性差异；10～20 cm 土层 LFTN 含量提高 1.89%～105.04%，自 SR2 开始出现显著性差异。分析认为，由于秸秆腐解后产生的腐殖质等物质向土壤输送的氮素主要以活性形态存在，根系吸收的氮素主要以游离态存在，各处理 LFTN 含量随着土壤深度的增加逐渐降低，主要与秸秆分布和根系吸收有关。尽管表层土壤秸秆含量及秸秆腐解速度低于 5～10 cm 土层，但是小麦根系在 5～10 cm 土层中的分布远高于 0～5 cm 土层，根系对 5～10 cm 土层中氮素的吸收量也大大高于 0～5 cm 土层，导致 5～10 cm 土层 LFTN 含量低于 0～5 cm 土层。尽管 10～20 cm 土层中的根系分布低于 5～10 cm 土层，但该土层中秸秆含量显著低于 5～10 cm 土层，导致其 LFTN 含量不及 5～10 cm 土层。另外，由于肥料通常施用于 0～10 cm 土层，亦是导致 10～20 cm 土层 LFTN 含量低于 5～10 cm 土层的原因之一。各土层土壤 LFTN 含量随秸秆还田年数增加而升高，年度间规律相似。分析认为，各土层 LFTN 含量随秸秆还田年数的增加而逐渐上升，主要是因为秸秆腐解后向土壤输入额外的活性氮，导致土壤LFTN含量逐年增加。5～10 cm和10～20 cm土层LFTN含量在最后两年（SR7、SR8）出现增幅减缓甚至降低的现象，可能与有机碳的增加导致土壤微生物量和活性增加，提高了土壤LFTN的分解利用速率，以及LFTN含量的增加导致其更容易向更深层土壤淋溶有关。

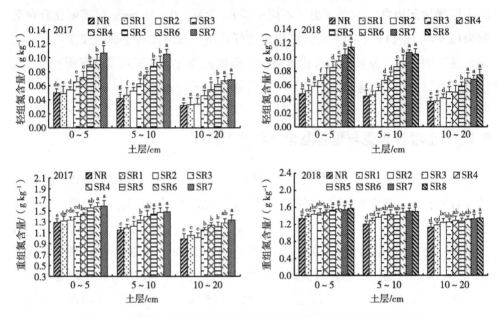

**图6-4　不同秸秆还田年数处理不同土层土壤轻组氮与重组氮含量**

土壤HFTN含量亦随着土壤深度的增加而逐渐降低，各土层HFTN含量随着秸秆还田年数的增加呈现逐渐上升的趋势。与NR相比，2017年SR1～SR7各处理0～5 cm土层HFTN含量提高1.90%～23.24%，自SR3开始出现显著性差异；5～10 cm土层HFTN含量提高3.24%～29.32%，自SR3开始出现显著性差异；10～20 cm土层HFTN含量提高6.70%～35.61%，自SR3开始出现显著性差异；2018年SR1～SR8各处理0～5 cm土层HFTN含量提高4.65%～17.78%，自SR2开始出现显著性差异；5～10 cm土层HFTN含量提高6.96%～25.25%，自SR2开始出现显著性差异；10～20 cm土层HFTN含量提高5.26%～19.82%，自SR2开始出现显著性差异。分析认为，HFTN是土壤中较为稳定的氮素形态，其增量主要来自外源输入和土壤中活性氮素的转化，同时土壤中原有HFTN也会在微生物的作用下分解。土壤HFTN含量随着土壤深度的增加而降低，与土壤TN变化规律相似，主要是由外源氮素输入的差异以及根系对氮素的吸收所致。随着秸秆还田年数的增加，土壤HFTN含量逐渐升高但增幅逐渐降低，主要是因为秸秆还田增加了土壤氮素供应，但是随着秸秆还田年数的增加，土壤微生物量和活性也逐渐增加，提高了HFTN的分解强度，导致其增幅逐渐降低。

各处理0～20 cm内不同土层土壤LFTN的分配比例如表6-1所示。可以看出，土壤轻组组分占全土比例为1.70%～3.21%，但是土壤LFTN占土壤TN比例为2.99%～6.77%，说明土壤轻组组分中TN含量高于全土。部分土层LFTN的分配比例在秸秆还田第1 a较NR有所下降，之后总体随秸秆还田年数增加而逐渐提高。分析认为，秸秆还田第1 a部分土壤LFTN分配比例出现下降的现象，主要原因是秸秆尚未来得及腐解并释放足够氮素，而秸秆腐解过程中微生物的活动需要消耗一定的活性氮组分，从而导致LFTN分配比例的下降。之后随着秸秆还田年数的增加，还田秸秆腐解后向土壤输送的腐殖质等物质提高了土壤活性氮素比例，有利于提高土壤LFTN比例分配，同时秸秆还田促进土壤大团聚体的形成，提高了对土壤氮素的保护，有利于降低LFTN的分解速率，进一步提高了土壤LFTN分配比例。

综上所述，土壤LFTN和HFTN含量随着土壤深度的增加总体呈逐渐下降趋势，主要和秸秆在不同土层的分布，不同土层根系对氮素的吸收，以及氮的淋溶风险有关。随着秸秆还田年数的增加，土壤LFTN和HFTN含量逐渐升高，但是HFTN含量增速逐渐降低，LFTN含量也在还田7 a后（SR7、SR8）表现出一定的增速降低趋势，主要是因为随着SOC含量的增加，土壤微生物量和活性也随之增加，这导致LFTN和HFTN的分解速率增加，且氮素含量增加也会提高其淋溶风险，最终导致LFTN和HFTN含量增速逐渐降低。随秸秆还田年数增加，土壤LFTN分配比例初始小幅下降，然后逐渐上升，主要是由于秸秆腐解后向土壤输入较高的活性氮组分，同时对土壤的保护降低了LFTN的分解。

表6-1　秸秆还田年数对土壤全氮组分分配比例的影响　　　　　单位：%

| 土层 | 处理 | 2017 | | | | 2018 | | | |
|------|------|------|--------|--------|----------|------|--------|--------|----------|
| | | 轻组 | 轻组氮 | 颗粒组 | 颗粒态氮 | 轻组 | 轻组氮 | 颗粒组 | 颗粒态氮 |
| 0～5 cm | NR | 2.45c | 3.72e | 25.07c | 16.04c | 2.57d | 3.42 g | 25.56bc | 18.29bc |
| | SR1 | 2.79b | 3.57e | 24.92c | 16.54bc | 2.67cd | 3.54 g | 25.16c | 19.82ab |
| | SR2 | 2.93ab | 3.89d | 29.11a | 17.51b | 2.97ab | 3.91f | 28.77ab | 19.89ab |
| | SR3 | 2.8 | 4.46c | 28.70a | 20.03a | 2.75c | 4.32e | 29.67a | 17.28c |
| | SR4 | 2.90b | 4.76c | 28.86a | 21.16a | 2.87bc | 4.74d | 28.39ab | 18.67bc |

（续表）

| 土层 | 处理 | 2017 | | | | 2018 | | | |
|---|---|---|---|---|---|---|---|---|---|
| | | 轻组 | 轻组氮 | 颗粒组 | 颗粒态氮 | 轻组 | 轻组氮 | 颗粒组 | 颗粒态氮 |
| 0~5 cm | SR5 | 2.88b | 5.46b | 26.45bc | 20.37a | 2.93ab | 5.27c | 27.02b | 17.85c |
| | SR6 | 2.94ab | 5.74b | 27.72ab | 20.56a | 2.97ab | 5.76b | 28.17ab | 19.68ab |
| | SR7 | 3.21a | 6.30a | 28.43a | 20.18a | 3.19a | 6.28a | 28.11ab | 19.27ab |
| | SR8 | | | | | 3.11a | 6.77a | 29.79a | 20.11a |
| 5~10 cm | NR | 2.53b | 3.52e | 26.62d | 18.98e | 2.46c | 3.49e | 27.22d | 22.67ab |
| | SR1 | 2.65ab | 3.74e | 27.86cd | 18.67e | 2.57bc | 3.42e | 27.39cd | 21.17bc |
| | SR2 | 2.16c | 4.11d | 31.69a | 19.27de | 2.18d | 3.65e | 31.17b | 23.82a |
| | SR3 | 2.55b | 4.49d | 31.57ab | 21.17cd | 2.61ab | 4.46d | 32.03ab | 19.83c |
| | SR4 | 2.63ab | 5.11c | 31.01ab | 22.82bc | 2.69ab | 4.84c | 30.13bc | 20.1bc |
| | SR5 | 2.71a | 5.74b | 29.32bc | 22.33bc | 2.65ab | 5.72b | 28.77cd | 22.19ab |
| | SR6 | 2.60ab | 5.97b | 32.67a | 23.98ab | 2.69ab | 5.95b | 31.70b | 20.37bc |
| | SR7 | 2.73a | 6.60a | 33.35a | 24.71a | 2.75a | 6.59a | 32.52ab | 21.02bc |
| | SR8 | | | | | 2.77a | 6.48a | 34.65a | 23.21a |
| 10~20 cm | NR | 1.73d | 3.13d | 29.81cd | 19.89 | 1.76d | 3.08d | 29.44de | 20.56e |
| | SR1 | 2.07bc | 3.03d | 27.01e | 17.85 | 2.08c | 2.99d | 26.09f | 23.98c |
| | SR2 | 1.70d | 3.22d | 27.64de | 22.03 | 1.74d | 3.25d | 28.87e | 23.62cd |
| | SR3 | 1.90c | 3.81c | 34.25ab | 23.82 | 1.84d | 3.79c | 33.53bc | 20.18e |
| | SR4 | 2.09bc | 4.19b | 34.13ab | 24.52 | 2.14c | 3.82c | 33.77bc | 24.71bc |
| | SR5 | 2.43a | 4.86a | 32.44bc | 25.58 | 2.34b | 4.39b | 31.70cd | 25.92ab |
| | SR6 | 2.17b | 4.98a | 33.11ab | 26.60 | 2.20bc | 4.93a | 34.52ab | 22.09de |
| | SR7 | 2.26ab | 4.88a | 35.76a | 25.92 | 2.22bc | 5.02a | 36.88a | 24.76bc |
| | SR8 | | | | | 2.59a | 5.24a | 35.96ab | 26.74a |

相关性分析表明（表6-2），2017年LFTN、HFTN和TN含量的皮尔逊相关系数分别为0.945和0.999（$P<0.01$），2018年为0.906和0.997（$P<0.01$），说明二者

均可以作为指示TN变化的指标，且HFTN与TN的相关性高于LFTN，主要是因为LFTN含量低且易分解，不同处理和土层间差异较大，而HFTN含量高且较为稳定，不同处理和土层间变化率和TN较为接近。

表6-2　土壤全氮及其各组分含量之间的皮尔逊相关系数

| 指标 | 2017 | | | | | 2018 | | | | |
| --- | --- | --- | --- | --- | --- | --- | --- | --- | --- | --- |
| | TN | LFTN | HFTN | PTN | MTN | TN | LFTN | HFTN | PTN | MTN |
| TN | 1 | | | | | 1 | | | | |
| LFTN | 0.945** | 1 | | | | 0.906** | 1 | | | |
| HFTN | 0.999** | 0.930** | 1 | | | 0.997** | 0.869** | 1 | | |
| PTN | 0.755** | 0.864** | 0.735** | 1 | | 0.730** | 0.852** | 0.692** | 1 | |
| MTN | 0.965** | 0.851** | 0.972** | 0.556** | 1 | 0.950** | 0.773** | 0.963** | 0.479* | 1 |

## 6.1.3　土壤颗粒态氮及矿物结合态氮含量和分配比例

各处理不同土层PTN和MTN含量如图6-5所示。2017年，各处理PTN含量随着土壤深度的增加呈现出先上后降的趋势，且在秸秆还田4 a之后表现得更加明显。随着秸秆还田年数的增加，各土层土壤PTN含量逐渐上升。与NR处理相比，SR1～SR7各处理0～5 cm土层PTN含量提高了4.92%～60.38%，自SR2出现显著性差异；5～10 cm土层PTN含量提高了1.81%～73.94%，自SR3出现显著性差异；10～20 cm土层PTN含量提高了-4.34%～79.97%，自SR3出现显著性差异。分析认为，各处理PTN含量随着土壤深度的增加呈现先上升后下降的趋势，主要与秸秆还田促进土壤颗粒的聚合有关。秸秆腐解后产生的腐殖质和多糖类物质等，具有一定的胶黏作用，可以促进土壤黏粉粒聚合形成颗粒，以及小颗粒聚合成大颗粒的作用，促进了土壤氮素向颗粒组分中转移，同时PTN的稳定性也得以提高。表层土壤直接与空气接触，秸秆腐解速度不及5～10 cm土层，且氮素分解速率高于5～10 cm土层。10～20 cm土层中秸秆含量低于5～10 cm土层，最终使PTN含量呈现随土壤深度的增加先升后降的趋势。随着秸秆还田年数的提高，越来越多的秸秆腐解为腐殖质等物质，这种趋势会更加明显。

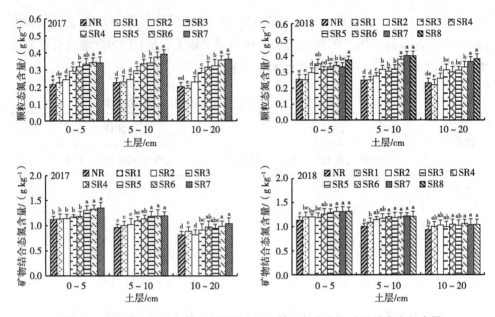

图6-5 不同秸秆还田年数处理不同土层土壤颗粒态氮和矿物结合态氮含量

2018年，随着土壤深度的增加，不同处理PTN含量表现出不同趋势。NR～SR5各处理PTN含量随着土壤深度的增加而逐渐降低，SR6～SR8各处理则先上升后下降，年度间差异可能与气象条件、作物生长情况有关。可以看出，不同处理土壤的PTN含量最终表现为随土壤深度的增加呈先升后降的变化趋势。随着秸秆还田年数的增加，各土层PTN含量呈现逐渐上升的趋势，其中5～20 cm土层PTN含量在秸秆还田7 a后（SR7、SR8）有增速减小的趋势。与NR相比，SR1～SR8各处理0～5 cm土层PTN含量提高了-0.97%～47.35%，自SR2出现显著性差异；5～10 cm土层PTN含量提高了0.66%～61.30%，自SR2出现显著性差异；10～20 cm土层PTN含量提高了-5.63%～64.66%，自SR3出现显著性差异。分析认为，随着秸秆还田年数的增加，秸秆腐解产生的腐殖质也越来越多，对土壤颗粒组分的形成和保持作用也越来越强。当秸秆还田年数较长时，土壤PTN含量增速有降低的趋势，主要与氮素的分解强度增加有关。

随着土壤深度的增加，各处理MTN含量逐渐降低。由于5～10 cm土层颗粒组分及PTN含量高于0～5 cm土层，其MTN含量低于0～5 cm土层。10～20 cm土层MTN含量低于5～10 cm土层，主要是因为该土层秸秆含量较低，外源氮素的输入量也相对较低。随着秸秆还田年数的增加，各土层MTN含量逐渐增加，其中2018年增速逐渐减缓。与NR相比，2017年SR1～SR7各处理0～5 cm土层MTN

含量增加了1.14%~20.38%，5~10 cm土层增加了3.88%~24.14%，10~20 cm土层增加了9.31%~27.71%；2018年SR1~SR8各处理0~5 cm土层MTN含量增加了6.11%~16.33%，5~10 cm土层增加了8.39%~21.49%，10~20 cm土层增加了7.83%~12.01%。分析认为，MTN含量随秸秆还田年数增加而增加，主要与秸秆还田增加了土壤氮素输入有关。2018年MTN含量增速随秸秆还田年数增加而减缓，主要与氮素向颗粒态组分中转移，以及随着秸秆还田年数增加，土壤微生物量和活性不断增加，进而提高了土壤氮素的分解速率有关。

土壤颗粒态组分和PTN分配比例如表6-1所示。与土壤PTN含量变化规律不同，土壤颗粒态组分和PTN分配比例随土壤深度的增加逐渐提高，其中0~5 cm土层低于5~10 cm土层，主要是由于秸秆腐解速度和氮素分解速率的差异。5~10 cm土层低于10~20 cm土层，可能与土壤扰动强度有关，本试验耕深15 cm，因而10~20 cm土层的扰动强度低于5~10 cm土层。这也说明10~20 cm土层PTN含量低于5~10 cm土层主要是由其秸秆含量较低所致。随着秸秆还田年数的增加，土壤PTN分配比例逐渐提高，但增速逐渐放缓，主要原因是氮素分解速率不断增强，而PTN属于活性相对较强的氮组分，其分解速率高于TN，导致其分配比例增速逐渐放缓。

综上所述，土壤PTN和MTN含量随土壤深度的增加表现出不同规律，其中PTN含量先增加后降低，MTN含量则逐渐降低，其中差异主要与氮素分配情况有关。随着秸秆还田年数增加，土壤PTN和MTN含量均呈上升趋势，且增速逐渐降低，主要与秸秆还田不断向土壤输入额外氮素以及氮素分解强度的增加有关。土壤PTN分配比例随土壤深度的增加而增加，说明10~20 cm土层TN含量低于5~10 cm土层，主要是由秸秆含量较低所致。相关性分析表明（表6-2），2017年PTN、MTN和土壤TN含量之间的皮尔逊相关系数分别为0.755和0.965（$P<0.01$），2018年分别为0.730和0.950（$P<0.01$），说明二者均可以作为指示TN变化的指标。

## 6.1.4 土壤全氮及其各组分含量变化率

各处理不同土层TN及其组分含量较NR处理的变化情况如表6-3，可以看出，在TN及其组分含量变化率中，0~5 cm土层除了LFTN和PTN其他均为正值，5~10 cm土层均为正值，10~20 cm土层除了PTN其他均为正值。各处理TN变化率为1.75%~38.10%，LFTN变化率为-2.37%~150.73%，HFTN

变化率为1.90%~35.61%，PTN变化率为-5.63%~79.97%，MTN变化率为
1.14%~27.71%，表明在0~20 cm各土层中，土壤LFTN的变化率均高于土壤
TN、HFTN、PTN和MTN，对秸秆还田年数表现出了最高的敏感性，其次为
PTN，HFTN和MTN的敏感性较低。各土层TN及其组分变化率随着秸秆还田年
数增加总体呈上升趋势。相关性分析表明，土壤TN变化率和LFTN、HFTN、
PTN、MTN变化率极显著相关（$P<0.01$），其中与HFTN变化率相关性最高，皮
尔逊相关系数为0.999（2017年）和0.995（2018年），其次为MTN，LFTN再次
之，最后为PTN。尽管HFTN和MTN变化率与TN含量变化率相关系数高于LFTN
和PTN，但是二者变化率远低于LFTN和PTN，而LFTN变化率及其与TN变化率
的相关系数均高于PTN，表明LFTN是反映TN含量受秸秆还田影响的最佳指标，
其次为PTN。

表6-3　秸秆还田年数对土壤全氮及其组分变化率的影响　　　　单位：%

| 土层 | 处理 | 2017 | | | | | 2018 | | | | |
|---|---|---|---|---|---|---|---|---|---|---|---|
| | | 全氮 | 轻组氮 | 重组氮 | 颗粒态氮 | 矿物结合态氮 | 全氮 | 轻组氮 | 重组氮 | 颗粒态氮 | 矿物结合态氮 |
| 0~5 cm | NR | 0 | 0 | 0 | 0 | 0 | 0 | 0 | 0 | 0 | 0 |
| | SR1 | 1.75 | -2.37 | 1.90 | 4.92 | 1.14 | 4.81 | 9.38 | 4.65 | -0.97 | 6.11 |
| | SR2 | 3.63 | 8.32 | 3.45 | 13.12 | 1.82 | 8.25 | 23.05 | 7.73 | 16.48 | 6.41 |
| | SR3 | 9.44 | 31.14 | 8.60 | 36.62 | 4.24 | 11.10 | 40.34 | 10.06 | 37.71 | 5.14 |
| | SR4 | 12.60 | 44.05 | 11.39 | 48.52 | 5.74 | 13.56 | 57.98 | 11.98 | 23.12 | 11.42 |
| | SR5 | 22.83 | 80.02 | 20.62 | 55.95 | 16.50 | 17.09 | 80.38 | 14.85 | 30.41 | 14.11 |
| | SR6 | 25.15 | 92.91 | 22.53 | 60.38 | 18.42 | 19.45 | 100.23 | 16.59 | 34.28 | 16.13 |
| | SR7 | 26.62 | 114.23 | 23.24 | 59.27 | 20.38 | 18.66 | 118.33 | 15.13 | 30.93 | 15.92 |
| | SR8 | | | | | | 22.00 | 141.26 | 17.78 | 47.35 | 16.33 |
| 5~10 cm | NR | 0 | 0 | 0 | 0 | 0 | 0 | 0 | 0 | 0 | 0 |
| | SR1 | 3.49 | 10.21 | 3.24 | 1.81 | 3.88 | 6.86 | 3.91 | 6.96 | 0.66 | 8.39 |
| | SR2 | 6.59 | 24.73 | 5.93 | 8.23 | 6.20 | 13.49 | 17.88 | 13.33 | 10.34 | 14.27 |
| | SR3 | 17.14 | 49.70 | 15.95 | 30.67 | 13.97 | 18.82 | 51.85 | 17.62 | 26.92 | 16.82 |

（续表）

| 土层 | 处理 | 2017 | | | | | 2018 | | | | |
|---|---|---|---|---|---|---|---|---|---|---|---|
| | | 全氮 | 轻组氮 | 重组氮 | 颗粒态氮 | 矿物结合态氮 | 全氮 | 轻组氮 | 重组氮 | 颗粒态氮 | 矿物结合态氮 |
| 5~10 cm | SR4 | 23.93 | 80.10 | 21.89 | 49.01 | 18.06 | 20.57 | 65.88 | 18.92 | 22.27 | 20.14 |
| | SR5 | 28.77 | 110.10 | 25.81 | 51.50 | 23.45 | 20.35 | 96.36 | 17.58 | 27.63 | 18.55 |
| | SR6 | 31.75 | 123.57 | 28.40 | 66.47 | 23.61 | 26.12 | 114.02 | 22.91 | 52.59 | 19.57 |
| | SR7 | 33.59 | 150.73 | 29.32 | 73.94 | 24.14 | 29.38 | 142.82 | 25.25 | 61.30 | 21.49 |
| | SR8 | | | | | | 28.62 | 137.22 | 24.66 | 60.68 | 20.69 |
| 10~20 cm | NR | 0 | 0 | 0 | 0 | 0 | 0 | 0 | 0 | 0 | 0 |
| | SR1 | 6.60 | 3.29 | 6.70 | −4.34 | 9.31 | 5.15 | 1.89 | 5.26 | −5.63 | 7.83 |
| | SR2 | 2.85 | 5.77 | 2.75 | 13.91 | 0.10 | 10.77 | 13.92 | 10.67 | 12.00 | 10.47 |
| | SR3 | 17.72 | 43.45 | 16.89 | 40.98 | 11.94 | 12.65 | 37.27 | 10.71 | 31.16 | 7.12 |
| | SR4 | 26.95 | 70.13 | 25.56 | 56.52 | 19.61 | 15.69 | 36.21 | 15.03 | 29.07 | 12.37 |
| | SR5 | 25.08 | 94.29 | 22.84 | 60.85 | 16.20 | 14.88 | 44.83 | 13.39 | 34.06 | 9.01 |
| | SR6 | 32.40 | 110.81 | 29.87 | 77.08 | 21.31 | 19.79 | 90.73 | 17.50 | 42.25 | 14.21 |
| | SR7 | 38.10 | 115.34 | 35.61 | 79.97 | 27.71 | 20.49 | 87.88 | 18.32 | 57.02 | 11.42 |
| | SR8 | | | | | | 22.48 | 105.04 | 19.82 | 64.66 | 12.01 |
| 皮尔逊相关系数 | | | 0.968[**] | 0.999[**] | 0.957[**] | 0.983[**] | | 0.916[**] | 0.995[**] | 0.891[**] | 0.923[**] |

# 6.2　土壤团聚体全氮分布

0~20 cm土层TN在不同粒级水稳性团聚体中的分布如图6-6所示。结果表明，>2 mm、0.25~2 mm、0.053~0.25 mm和<0.053 mm团聚体中全氮含量分别为1.17~1.50 g kg$^{-1}$、1.23~1.54 g kg$^{-1}$、1.21~1.48 g kg$^{-1}$和1.09~1.34 g kg$^{-1}$。各处理不同粒级水稳性团聚体中的全氮含量变化趋势：随着团聚体粒级的降

低,团聚体中全氮含量总体呈现先升后降的趋势,NR、SR2、SR4~SR8各处理0.25~2 mm团聚体中全氮含量最高,SR1处理0.053~0.25 mm团聚体中全氮含量最高,SR3处理>2 mm团聚体中全氮含量最高。总体而言,土壤TN主要分布于>0.25 mm大团聚体中。随着秸秆还田年数的增加,各粒级团聚体中全氮含量逐渐提高,其中0.053~0.25 mm和<0.053 mm团聚体全氮含量在后期出现增速减缓的趋势,且在还田第8 a TN含量低于还田第7 a。分析认为,团聚体全氮含量随着秸秆还田年数增加而增加,主要是由秸秆还田向土壤输入额外氮素所致。<0.25 mm微团聚体中全氮含量随着秸秆还田年数增加出现增幅减缓的趋势,主要原因是秸秆还田促进大团聚体的形成,导致微团聚体中全氮向大团聚体中转移,以及微团聚体对土壤氮素的保护不足,导致氮素更加容易分解。

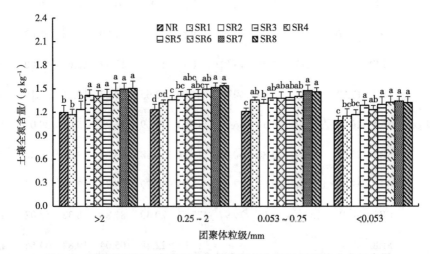

图6-6　不同秸秆还田年数处理土壤各粒级水稳性团聚体中全氮含量

本书通过湿筛法对土壤水稳性团聚体进行分离,分离过程可能影响TN的回收效果。从贡献率看(表6-4),不同处理各粒级水稳性团聚体分离的TN贡献率为96.27%~99.85%,表明土壤团聚体分离过程未造成TN的明显损失,获得的各粒级团聚体全氮含量分布的结果是可靠的。

各处理土壤>2 mm、0.25~2 mm、0.053~0.25 mm和<0.053 mm团聚体中全氮占TN的比例分别为15.28%~28.73%、39.30%~48.38%、20.07%~22.80%和9.51%~14.19%。TN主要分布在>0.25 mm的大团聚体上,大团聚体对TN的贡献率为63.66%~68.33%。各处理0.25~2 mm团聚体贡献率最高,贡献率第二的团

聚体粒级SR5 ~ SR8各处理是>2 mm团聚体，NR ~ SR4各处理是0.053 ~ 0.25 mm
团聚体。秸秆还田年数显著影响各粒级团聚体对TN的贡献率，随着秸秆还田年
数增加，>2 mm团聚体全氮贡献率呈逐渐上升趋势，0.25 ~ 2 mm团聚体总体呈
下降趋势，0.053 ~ 0.25 mm团聚体呈缓慢下降趋势，<0.053 mm团聚体呈下降趋
势。分析认为，土壤团聚体全氮贡献率由团聚体分配比例和团聚体全氮含量共同
决定。>2 mm团聚体比例和团聚体全氮含量均随秸秆还田年数增加而上升，故该
粒级团聚体全氮贡献率亦随秸秆还田年数增加而增加。0.25 ~ 2 mm团聚体全氮
含量虽然随着秸秆还田年数增加而增加，但是该粒级团聚体比例却逐渐下降，导
致其全氮贡献率也随之下降。同理可知，0.053 ~ 0.25 mm和<0.053 mm团聚体全
氮贡献率随秸秆还田年数下降的原因主要与该粒级团聚体比例的降低有关。从
表6-5可以看出，>2 mm、>0.25 mm团聚体含量与土壤TN含量呈极显著正相关关
系（$P<0.01$），0.25 ~ 2 mm、<0.053 mm、<0.25 mm团聚体含量与土壤TN含量呈
极显著负相关关系（$P<0.01$）。

表6-4　不同粒级水稳性团聚体对土壤全氮的贡献率　　　　　单位：%

| 处理 | 大团聚体 | | | 微团聚体 | | |
|---|---|---|---|---|---|---|
| | >2 mm | 0.25 ~ 2 mm | 总和 | 0.053 ~ 0.25 mm | <0.053 mm | 总和 |
| NR | 18.02d | 45.83ab | 63.85 | 21.42ab | 14.19a | 35.61 |
| SR1 | 15.28e | 48.38a | 63.66 | 22.06ab | 14.12a | 36.19 |
| SR2 | 16.11e | 48.15ab | 64.26 | 20.07b | 11.94b | 32.01 |
| SR3 | 18.93d | 45.52ab | 64.45 | 22.56a | 12.16b | 34.72 |
| SR4 | 21.25c | 42.60bc | 63.85 | 22.80a | 10.68c | 33.48 |
| SR5 | 25.40b | 40.84c | 66.24 | 22.35a | 10.53c | 32.87 |
| SR6 | 27.82a | 39.87c | 67.69 | 20.33b | 9.84cd | 30.17 |
| SR7 | 28.27a | 39.30c | 67.58 | 20.44b | 10.19cd | 30.62 |
| SR8 | 28.73a | 39.59c | 68.33 | 20.33b | 9.51d | 29.83 |

表6-5　土壤水稳性团聚体分布与全氮含量的皮尔逊相关系数

| 指标 | 土壤容重 | 水稳性团聚体粒级 | | | | | |
|------|---------|-------|-----------|-----------------|-----------|----------|----------|
| | | >2 mm | 0.25 ~ 2 mm | 0.053 ~ 0.25 mm | <0.053 mm | >0.25 mm | <0.25 mm |
| TN | $-0.956^{**}$ | $0.862^{**}$ | $-0.785^{**}$ | 0.145 | $-0.957^{**}$ | $0.862^{**}$ | $-0.862^{**}$ |

## 6.3　土壤全氮储量

本书采用等质量法评价土壤全氮储量差异，以消除因秸秆还田引起的土壤质量不同而带来的有机碳储量差异。因NR 0 ~ 5 cm、0 ~ 10 cm、0 ~ 20 cm土层的土壤质量最大，故将其作为$M_j$计算各处理的等质量土壤全氮储量（表6-6）。秸秆还田年数对土壤全氮储量影响显著，各土层土壤全氮储量均随着秸秆还田年数的增加而增加。与NR处理相比，两年度各秸秆还田年数处理0 ~ 5 cm土层全氮储量分别增加1.73% ~ 26.39%、4.81% ~ 22.00%；0 ~ 10 cm土层全氮储量分别增加2.56% ~ 29.72%、5.78% ~ 25.14%；0 ~ 20 cm土层全氮储量分别增加4.29% ~ 33.16%、6.04% ~ 25.66%。对2018年0 ~ 20 cm土层全氮储量与秸秆还田年数进行相关性分析（图6-7），可以看出秸秆还田8 a内0 ~ 20 cm土层全氮储量随着秸秆还田年数增加而增加，但增幅逐渐减小，二者关系符合二次曲线回归方程，$R^2$为0.976 1，达到极显著水平（$P<0.01$）。分析认为，土壤全氮储量随着秸秆还田年数增加而上升，主要原因是还田秸秆腐解后产生腐殖质等物质向土壤提供额外氮输入，同时提高对土壤氮素的保护。随着土壤有机质的逐年增加，土壤微生物量和活性也在不断增加，导致对TN的分解利用也在逐年提高，最终导致全氮储量增幅逐渐降低。

表6-6　不同秸秆还田年数处理等质量土壤全氮储量　　　　单位：Mg hm$^{-2}$

| 处理 | 2017 | | | 2018 | | |
|------|----------|-----------|-----------|----------|-----------|-----------|
| | 0 ~ 5 cm | 0 ~ 10 cm | 0 ~ 20 cm | 0 ~ 5 cm | 0 ~ 10 cm | 0 ~ 20 cm |
| NR | 0.89e | 1.70d | 3.20e | 0.91d | 1.79e | 3.43d |
| SR1 | 0.91de | 1.74d | 3.33de | 0.96cd | 1.89de | 3.64cd |
| SR2 | 0.93cde | 1.78cd | 3.33de | 0.99bc | 1.98cd | 3.85bc |

（续表）

| 处理 | 2017 | | | 2018 | | |
|---|---|---|---|---|---|---|
| | 0～5 cm | 0～10 cm | 0～20 cm | 0～5 cm | 0～10 cm | 0～20 cm |
| SR3 | 0.98cd | 1.91c | 3.67cd | 1.01abc | 2.06bc | 3.97ab |
| SR4 | 1.00bc | 2.00bc | 3.89bc | 1.04ab | 2.09abc | 4.05ab |
| SR5 | 1.09ab | 2.12ab | 4.00ab | 1.07ab | 2.12abc | 4.04ab |
| SR6 | 1.12a | 2.17ab | 4.14ab | 1.09a | 2.20ab | 4.22a |
| SR7 | 1.13a | 2.20a | 4.26a | 1.08a | 2.22a | 4.29a |
| SR8 | | | | 1.11a | 2.24a | 4.31a |

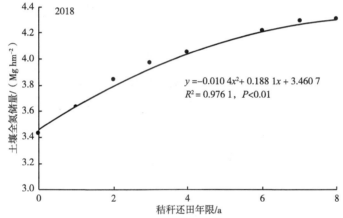

图6-7　0～20 cm土层全氮储量与秸秆还田年数的关系

# 6.4　小结

秸秆还田年数显著影响不同土层土壤TN含量，随着秸秆还田年数的增加，0～20 cm各土层TN含量逐渐提高，但是增速逐渐降低，主要是由于TN的输入和分解速率之间的差异逐渐减小。随着秸秆还田年数的增加，0～5 cm对其他土层TN层化率呈先降低后上升的趋势，主要是由不同土层秸秆分布、根系对土壤氮素的吸收、氮素分解速率和淋溶风险的差异所致。2017—2018年不同处理不同土层土壤碳氮比为12.94～18.24，碳氮比随秸秆还田年数变化的波动较小。0～20 cm各土层土壤全氮储量均随着秸秆还田年数的增加而升高，但增幅逐渐减缓，呈二次曲线回归关系，表明秸秆还田具有良好的增氮效应，但是随着土壤氮储量的不断上升，增氮效应逐渐减弱。

不同秸秆还田年数处理土壤TN所得到的保护和输入量不同，进而影响土壤TN及其组分含量。总体而言，土壤LFTN、HFTN、PTN和MTN含量均随着秸秆还田年数的增加而上升，但是LFTN和PTN的增速明显高于HFTN和MTN，且HFTN和MTN随着秸秆还田年数的增加呈现明显的增速降低的趋势。TN变化率与LFTN、HFTN、PTN和MTN变化率极显著相关，其中与LFTN变化率相关系数最高，LFTN对秸秆还田年数表现出了最高的敏感性，说明在各TN组分中，LFTN是指示秸秆还田对TN影响的最佳指标，PTN次之。可见，秸秆还田能够增强表层土壤氮库，有助于改善土壤质量，通过监测LFTN变化可以及时了解秸秆还田对氮库的影响。

不同秸秆还田年数对土壤TN的输入和对土壤结构的改善作用同样影响土壤团聚体分布及各粒级团聚体中全氮的分配。总体而言，各处理团聚体全氮含量随着团聚体粒级的下降呈现先上升后下降的趋势，大部分处理0.25~2 mm团聚体粒级中全氮含量最高。土壤各粒级团聚体全氮含量随秸秆还田年数增加而上升，但是各粒级团聚体对TN贡献率的变化规律和团聚体分配比例的变化规律相似，随着秸秆还田年数的增加，>2 mm团聚体贡献率逐渐上升，0.25~2 mm和<0.053 mm团聚体贡献率逐渐下降，0.053~0.25 mm团聚体贡献率无明显变化趋势。>0.25 mm大团聚体对TN的贡献率最大。>2 mm、>0.25 mm团聚体含量与土壤TN含量呈极显著正相关关系（$P<0.01$），0.053~0.25 mm、<0.053 mm、<0.25 mm团聚体含量与土壤TN含量呈显著（$P<0.05$）或极显著（$P<0.01$）负相关关系。

# 第7章 稻麦产量对秸秆还田的响应

秸秆还田方式改变土壤环境，影响秸秆还田深度，进而影响水稻产量。国内外研究表明，土壤活性有机碳、可溶性有机碳、易氧化有机碳、轻组有机碳、水溶性有机碳等有机碳活性组分均与水稻产量显著相关[116, 138, 139]；氮素是水稻生长必须的大量元素，土壤氮库的变化必然会对水稻生长产生重要影响。作物秸秆含有碳、氮、磷、钾等营养物质，还田后可以培肥地力，提高小麦产量。但是小麦产量并非随着秸秆还田年数的增加而持续增加[140]。有研究表明，有机碳和全氮储量与水稻产量呈显著正相关关系[36, 113]，但是有关团聚体碳氮分布及碳氮储量变化对小麦产量影响以及关于团聚体有机碳和全氮分布对稻麦产量影响的研究鲜见报道。分析稻麦产量与农田碳库氮库变化的关系，有利于科学制订秸秆还田策略，促进稻麦稳产高产。

## 7.1 水稻产量对秸秆不同还田方式的响应

如图7-1所示，2016年和2017年水稻产量均以CT0处理最低，这主要是秸秆未还田，土壤获得额外养分输入减少所致。秸秆还田条件下各处理产量由大到小依次为CT>RT>MT。对2016年和2017年土壤碳氮组分与水稻产量进行相关性分析，结果表明（表7-1），0～5 cm土层SOC、TN及其组分含量与水稻产量相关性均不显著；5～10 cm土层LFOC和PTN含量分别在0.05和0.01水平下与水稻产量显著正相关；10～20 cm土层SOC、HFOC、POC、MOC、LFTN、PTN含量与水稻产量显著正相关（$P<0.05$或$P<0.01$）。可以看出，随着土壤深度的增加，水稻产量与SOC、TN及其组分含量相关性也增加，这可能与水稻根系的分布深度有关。秸秆还田条件下水稻产量随着耕作深度的增加而提高，可能是由于耕作促进了秸秆与相应土层土壤的混合，增加了根系分布土层的养分供给。

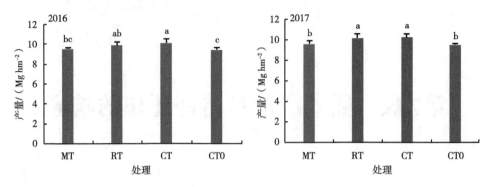

图7-1 不同秸秆还田方式处理水稻产量

表7-1 不同土层碳氮组分与水稻产量的皮尔逊相关系数

| 土层 | SOC | LFOC | HFOC | POC | MOC | TN | LFTN | HFTN | PTN | MTN |
|---|---|---|---|---|---|---|---|---|---|---|
| 0 ~ 5 cm | −0.067 | 0.145 | 0.000 | 0.111 | −0.072 | 0.110 | 0.288 | 0.031 | 0.055 | 0.198 |
| 5 ~ 10 cm | 0.482 | 0.709* | 0.224 | 0.518 | 0.208 | 0.587 | 0.659 | 0.547 | 0.925** | 0.158 |
| 10 ~ 20 cm | 0.875** | 0.666 | 0.941** | 0.831* | 0.931** | 0.617 | 0.905** | 0.475 | 0.734* | 0.424 |

回归分析结果表明（图7-2），5 ~ 10 cm土层LFOC含量增加1 g kg$^{-1}$，水稻产量增加238.8 kg hm$^{-2}$；5 ~ 10 cm土层PTN含量增加1 g kg$^{-1}$，水稻产量增加6 109.1 kg hm$^{-2}$。10 ~ 20 cm土层SOC含量增加1 g kg$^{-1}$，水稻产量可增加165.5 kg hm$^{-2}$；HFOC含量增加1 g kg$^{-1}$，水稻产量可增加276.1 kg hm$^{-2}$；POC含量增加1 g kg$^{-1}$，水稻产量可增加209.4 kg hm$^{-2}$；MOC含量增加1 g kg$^{-1}$，水稻产量可增加653.7 kg hm$^{-2}$；LFTN含量增加1 g kg$^{-1}$，水稻产量可增加8 094.3 kg hm$^{-2}$；PTN含量增加1 g kg$^{-1}$，水稻产量可增加3 327.6 kg hm$^{-2}$。

各粒级团聚体有机碳含量，以及>2 mm和0.25 ~ 2 mm团聚体全氮含量均与水稻产量呈正相关关系（表7-2），且>2 mm团聚体有机碳和全氮含量与水稻产量相关性最高。0.053 ~ 0.25 mm和<0.053 mm团聚体全氮含量则与水稻产量呈负相关关系，可能是由于这部分团聚体中全氮含量的增加会导致大团聚体中全氮含量的相对降低，减少了易被水稻植株吸收利用的氮供给。不同粒级团聚体中有机碳和全氮含量与水稻产量的相关性均不显著，可能是数据量较少，或者存在其他对产量影响更大的因子所致。

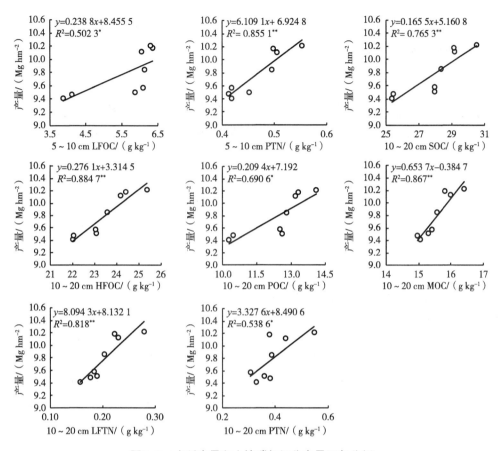

图7-2　水稻产量和土壤碳氮组分含量回归分析

表7-2　不同粒级团聚体碳氮含量与水稻产量的皮尔逊相关系数

| 团聚体粒级 | 土壤有机碳含量 | 土壤全氮含量 |
| --- | --- | --- |
| >2 mm | 0.864 | 0.936 |
| 0.25 ~ 2 mm | 0.557 | 0.178 |
| 0.053 ~ 0.25 mm | 0.245 | −0.396 |
| <0.053 mm | 0.445 | −0.376 |
| >0.25 mm | 0.706 | 0.834 |
| <0.25 mm | 0.338 | −0.389 |

有机碳储量和全氮储量与水稻产量呈正相关关系（表7-3），但未达显著水

平，但仍可看出，随着土壤深度的增加，有机碳或全氮储量与水稻产量相关性也逐渐增加，说明0～20 cm土壤有机碳和全氮储量对水稻产量的影响随着土壤深度的增加而增加。

表7-3 不同土层碳氮储量与水稻产量的皮尔逊相关系数

| 土层 | 土壤有机碳储量 | 土壤全氮储量 |
| --- | --- | --- |
| 0～5 cm | 0.134 | 0.189 |
| 0～10 cm | 0.280 | 0.402 |
| 0～20 cm | 0.518 | 0.490 |

## 7.2 小麦产量对秸秆还田年数的响应

由图7-3可以看出，随着秸秆还田年数的增加，小麦产量呈现先降低后增加的趋势，这可能是当秸秆还田年数较短时，秸秆不能及时腐解转化成有机物质，粗纤维残留在土壤中影响了幼苗的发育，导致产量降低。随着秸秆还田年数的延长，秸秆逐渐降解进入土壤，提高了土壤肥力，最终提高小麦产量。相关性分析表明（表7-4），除了5～10 cm土层HFOC、MOC和10～20 cm土层MOC，0～20 cm各土层其他SOC、TN及其组分含量均与小麦产量表现出了显著或极显著正相关关系（$P<0.05$或$P<0.01$）；0～20 cm各土层TN及其组分含量均与小麦产量表现出了显著或极显著正相关关系，表明小麦产量与土壤氮库的相关性高于SOC库。

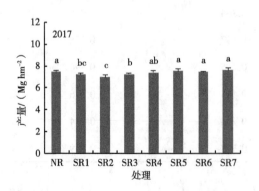
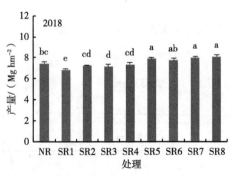

图7-3 不同秸秆还田年数处理小麦产量

表7-4　不同土层碳氮组分与小麦产量的皮尔逊相关系数

| 土层 | SOC | LFOC | HFOC | POC | MOC | TN | LFTN | HFTN | PTN | MTN |
|---|---|---|---|---|---|---|---|---|---|---|
| 0~5 cm | 0.582* | 0.758** | 0.530* | 0.599* | 0.507* | 0.672** | 0.787** | 0.638** | 0.612** | 0.666** |
| 5~10 cm | 0.558* | 0.779** | 0.481 | 0.637** | 0.405 | 0.644** | 0.772** | 0.610** | 0.720** | 0.554* |
| 10~20 cm | 0.673** | 0.790** | 0.629** | 0.709** | -0.012 | 0.627** | 0.768** | 0.599* | 0.692** | 0.491* |

对存在显著性相关的碳氮组分与小麦产量进行回归分析，可以看出（图7-4），0~5 cm土层SOC及其组分含量增加1 g kg$^{-1}$，小麦产量增加99.3~631.3 kg hm$^{-2}$；TN及其组分含量增加1 g kg$^{-1}$，小麦产量增加1 885.6~12 147.0 kg hm$^{-2}$。5~10 cm土层SOC及其组分含量增加1 g kg$^{-1}$，小麦产量增加99.3~611.4 kg hm$^{-2}$；TN及其组分含量增加1 g kg$^{-1}$，小麦产量增加1 567.8~11 461.0 kg hm$^{-2}$。10~20 cm土层SOC及其组分含量增加1 g kg$^{-1}$，小麦产量增加176.0~930.2 kg hm$^{-2}$；TN及其组分含量增加1 g kg$^{-1}$，小麦产量增加1 695.4~18 080.0 kg hm$^{-2}$。在SOC各组分中，LFOC含量的增加对小麦增产贡献最高；在TN各组分中，LFTN含量的增加对小麦增产贡献最高。

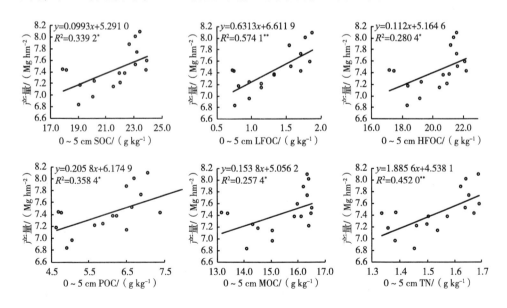

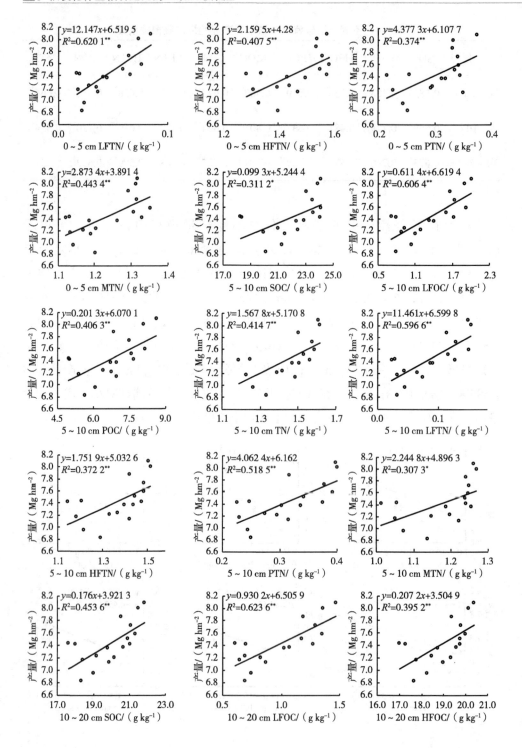

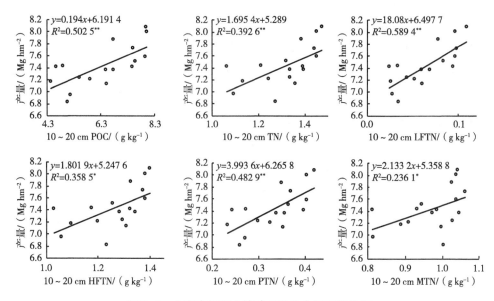

**图7-4　小麦产量和土壤碳氮组分含量回归分析**

对0～20 cm土层不同粒级团聚体中有机碳和全氮含量与小麦产量进行相关性分析，结果表明（表7-5），各粒级团聚体有机碳和全氮含量均与小麦产量正相关，其中除0.053～0.25 mm团聚体有机碳和全氮外，其他粒级团聚体有机碳和全氮含量均与小麦产量表现出显著或极显著正相关关系（$P<0.05$或$P<0.01$）。>0.25 mm大团聚体中有机碳和全氮含量与小麦产量显著正相关（$P<0.05$或$P<0.01$），<0.25 mm微团聚体中有机碳和全氮含量与小麦产量相关性不显著。在各粒级团聚体中，>2 mm团聚体中有机碳和全氮含量与小麦产量相关性最高。

**表7-5　不同粒级团聚体碳氮含量与小麦产量的皮尔逊相关系数**

| 团聚体粒级 | 土壤有机碳含量 | 土壤全氮含量 |
| --- | --- | --- |
| >2 mm | 0.867** | 0.768* |
| 0.25～2 mm | 0.676* | 0.713* |
| 0.053～0.25 mm | 0.313 | 0.548 |
| <0.053 mm | 0.679* | 0.688* |
| >0.25 mm | 0.845** | 0.738* |
| <0.25 mm | 0.595 | 0.640 |

对存在显著相关性的团聚体有机碳和全氮含量与小麦产量进行回归分析，结果表明（图7-5），>2 mm团聚体中有机碳含量增加1 g kg⁻¹，小麦产量增加150.8 kg hm⁻²；全氮含量增加1 g kg⁻¹，小麦产量增加2 477.9 kg hm⁻²。0.25～2 mm团聚体中有机碳含量增加1 g kg⁻¹，小麦产量增加278.0 kg hm⁻²；全氮含量增加1 g kg⁻¹，小麦产量增加3 082.0 kg hm⁻²。<0.053 mm团聚体中有机碳含量增加1 g kg⁻¹，小麦产量增加146.2 kg hm⁻²；全氮含量增加1 g kg⁻¹，小麦产量增加3 256.4 kg hm⁻²。>0.25 mm团聚体中有机碳含量增加1 g kg⁻¹，小麦产量增加267.2 kg hm⁻²；全氮含量增加1 g kg⁻¹，小麦产量增加2 992.0 kg hm⁻²。

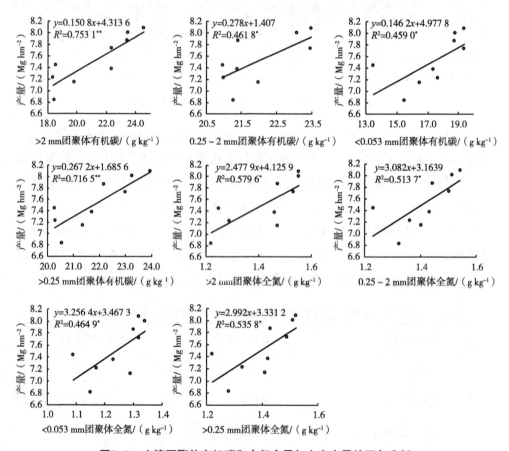

图7-5　土壤团聚体有机碳和全氮含量与小麦产量的回归分析

进一步分析0～20 cm各土层有机碳储量和全氮储量与小麦产量相关性，结果表明（表7-6），0～5 cm土层和0～10 cm土层有机碳储量与小麦产量表现出显著正相关关系（$P<0.05$），0～20 cm土层有机碳储量以及0～5 cm、0～10 cm、

0～20 cm土层全氮储量与小麦产量表现出极显著正相关关系（P<0.01）。随着土壤深度的增加，小麦产量与有机碳储量的皮尔逊相关系数逐渐提高，而与全氮储量的皮尔逊相关系数则先增加后下降。

表7-6　不同土层碳氮储量与小麦产量的皮尔逊相关系数

| 土层 | 有机碳储量 | 土壤全氮储量 |
|---|---|---|
| 0～5 cm | 0.554* | 0.642** |
| 0～10 cm | 0.589* | 0.675** |
| 0～20 cm | 0.638** | 0.656** |

对0～20 cm各土层有机碳储量和全氮储量与小麦产量进行回归分析可以看出（图7-6），0～5 cm土层有机碳储量增加1 Mg hm$^{-2}$，小麦产量增加141.3 kg hm$^{-2}$；全氮储量增加1 Mg hm$^{-2}$，小麦产量增加2 866.7 kg hm$^{-2}$。0～10 cm土层有机碳储量增加1 Mg hm$^{-2}$，小麦产量增加76.2 kg hm$^{-2}$；全氮储量增加1 Mg hm$^{-2}$，小麦产量增加1 286.8 kg hm$^{-2}$。0～20 cm土层有机碳储量增加1 Mg hm$^{-2}$，小麦产量增加47.4 kg hm$^{-2}$；全氮储量增加1 Mg hm$^{-2}$，小麦产量增加621.3 kg hm$^{-2}$。

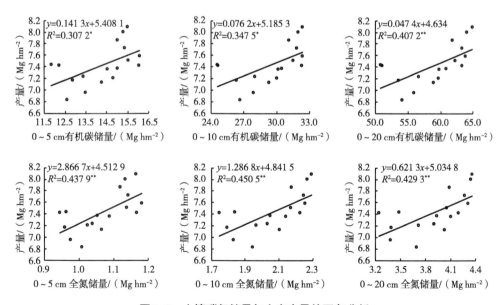

图7-6　土壤碳氮储量与小麦产量的回归分析

## 7.3　小结

　　秸秆还田方式对水稻产量影响显著，各处理水稻产量由大到小依次为CT>RT>MT>CT0。随着土壤深度的增加，水稻产量与SOC、TN及其组分含量、有机碳储量和全氮储量的相关性逐渐增加，其中5～10 cm土层LFOC和PTN含量，10～20 cm土层SOC、HFOC、POC、MOC、LFTN、PTN含量与水稻产量表现出显著正相关关系。

　　随着秸秆还田年数增加，小麦产量呈现先下降后上升的趋势。除了5～10 cm土层HFOC、MOC和10～20 cm土层MOC，0～20 cm各土层其他SOC、TN及其组分含量均与小麦产量表现出了显著或极显著正相关关系。在SOC或TN各组分中，LFOC或LFTN含量的增加对小麦增产贡献最高。>2 mm、0.25～2 mm、<0.053 mm团聚体以及>0.25 mm大团聚体中有机碳和全氮含量与小麦产量呈显著呈正相关关系，其中>2 mm团聚体有机碳和全氮含量与小麦产量相关性最高。小麦产量与有机碳储量和全氮储量显著相关，且与全氮储量的相关性高于有机碳储量。

# 第8章 秸秆还田的生态经济价值评估

作物秸秆含有丰富的营养元素，在缺乏有机肥输入的粮田中，还田作物残体特别是秸秆已成为影响土壤质量和养分含量的重要因素。作物秸秆还田直接影响土壤有机碳和氮素的固存、作物产量和农田温室气体排放，提高土壤N、P、K等养分含量，降低土壤容重，提高土壤孔隙度，优化土壤团聚体结构和保水能力，可以有效避免秸秆焚烧造成的环境污染。当前关于稻麦轮作系统秸秆还田的效益评估主要是进行经济和环境效益等方面的计算，如作物生产力、养分循环、化肥替代和固碳减排效应等，对秸秆还田产生的其他生态功能价值评估的研究较为缺乏，很难全面反映秸秆还田对经济和生态综合价值的影响。本章基于长期定位试验，采用生态经济学相关方法，建立麦田生态系统服务功能价值评估体系，以秸秆不还田的麦田为对照，对不同秸秆还田年数的麦田生态系统服务功能价值进行评估，以期多角度、全方位地评价秸秆还田的综合价值。

## 8.1 农产品和轻工业原料供给功能价值

麦谷和小麦秸秆分别作为麦田的农产品和造纸等轻工业原料进行价值计算。与NR相比，SR1、SR3麦谷和秸秆产量有所降低，SR5、SR7麦谷和秸秆产量则有所增加（表8-1）。由表8-2可以看出，SR1、SR3、SR5、SR7的农产品和轻工业原料供给功能服务总价值分别比NR提高−1 056.85元 hm$^{-2}$、−396.42元 hm$^{-2}$、597.33元 hm$^{-2}$和1 398.47元 hm$^{-2}$，增幅分别为−5.93%、−2.22%、3.35%、7.84%。

表8-1 不同处理下麦田生态服务功能量

| 生态服务功能 | | NR | SR1 | SR3 | SR5 | SR7 |
|---|---|---|---|---|---|---|
| 小麦产量/<br>（kg hm⁻²） | 麦谷产量 | 7 458.76bc | 7 009.73d | 7 290.51cd | 7 708.67ab | 8 050.72a |
| | 秸秆产量 | 8 304.64bc | 8 010.71c | 8 189.56c | 8 579.54ab | 8 755.80a |
| | 生物产量 | 16 214.70bc | 15 238.55d | 15 848.93cd | 16 757.99ab | 17 501.57a |
| 温室气体累<br>积排放量/<br>（kg hm⁻²） | $CO_2$ | 16 210.97c | 20 401.69b | 21 307.62b | 22 710.96a | 23 232.57a |
| | $CH_4$ | −1.41d | −0.24c | 0.31b | 0.19c | 0.47a |
| | $N_2O$ | 4.25a | 3.36c | 3.81c | 4.03ab | 4.12ab |
| 养分累积量/<br>（g kg⁻¹） | 有机质 | 2.39d | 3.32c | 4.90b | 6.16a | 6.68a |
| | 全氮 | −0.03c | 0.04c | 0.16b | 0.18b | 0.27a |
| | 有效磷 | −1.46e | 0.23d | 1.58c | 2.00b | 3.07a |
| | 速效钾 | −21.76e | −14.01d | −3.72c | 4.19b | 10.43a |
| 物理性状/<br>（g cm⁻³） | 容重 | 1.42a | 1.39ab | 1.36ab | 1.31bc | 1.24c |
| | 饱和含水量 | 0.43c | 0.44bc | 0.45abc | 0.46ab | 0.48a |

注：1.养分的累积量是与试验设置前农田基础土壤养分含量相比的增长量。

2.温室气体累积排放量数据来源于牛东[140]的研究结果。

表8-2 不同处理下麦田农产品和轻工业原料供给功能服务价值 单位：元 hm⁻²

| 产品 | NR | SR1 | SR3 | SR5 | SR7 |
|---|---|---|---|---|---|
| 麦谷 | 17 155.15bc | 16 122.39d | 16 768.17 cd | 17 729.95ab | 18 516.66a |
| 秸秆 | 680.53bc | 656.44c | 671.10c | 703.06ab | 717.50a |
| 总价值 | 17 835.68bc | 16 778.83d | 17 439.26cd | 18 433.01ab | 19 234.15a |

## 8.2 大气调节功能价值

与秸秆焚烧相比，秸秆还田主要降低了空气污染物和$CO_2$排放，最终显著增加了大气调节功能服务总价值（表8-3）。与NR相比，SR1和SR3降低了小麦生物产量（表8-1），其固碳释氧价值分别降低了6.02%和2.26%，而SR5和SR7的固碳释氧价值分别提高了3.35%和7.94%。麦季温室气体累积排放量随着秸秆还田年数的增加而增加（表8-1），温室气体排放负价值也随之增加。SR1、SR3、SR5和SR7的温室气体排放负价值分别较NR提高22.67%、28.71%、37.12%和40.30%。秸秆焚烧污染物和$CO_2$排放仅NR有，按照秸秆还田量9 000 kg $hm^{-2}$计算，相当数量秸秆焚烧污染物治理和$CO_2$排放价值分别为-55.07元 $hm^{-2}$和-2 243.16元 $hm^{-2}$，二者合计-2 298.23元 $hm^{-2}$。因此，与NR相比，SR1、SR3、SR5和SR7的大气调节功能服务总价值分别提高了909.68元 $hm^{-2}$、1 179.41元 $hm^{-2}$、1 598.68元 $hm^{-2}$和2 050.87元 $hm^{-2}$，增幅分别为13.66%、17.72%、24.01%和30.80%。

表8-3　不同处理下麦田大气调节功能服务价值　　　　　　单位：元 $hm^{-2}$

| 分类 | NR | SR1 | SR3 | SR5 | SR7 |
|---|---|---|---|---|---|
| 固碳价值 | 4 511.92bc | 4 240.30d | 4 410.14cd | 4 663.10ab | 4 870.01a |
| 释氧价值 | 7 404.16bc | 6 958.42d | 7 237.14cd | 7 652.25ab | 7 991.79a |
| 温室气体排放负价值 | -2 960.20d | -3 631.38c | -3 810.22b | -4 059.01ab | -4 153.27a |
| 秸秆焚烧污染物和$CO_2$排放价值 | -2 298.23a | 0.00b | 0.00b | 0.00b | 0.00b |
| 大气调节功能服务总价值 | 6 657.66d | 7 567.34c | 7 837.06bc | 8 256.34ab | 8 708.53a |

## 8.3　土壤养分累积功能服务价值

秸秆还田有利于增加耕层土壤养分含量（表8-1）。如表8-4所示，与NR相比，SR1、SR3、SR5和SR7的有机质累积价值增加36.11%、95.56%、136.91%和143.49%，全氮累积价值增加209.38%、535.01%、579.08%和780.37%，有效磷累积价值增加115.29%、202.76%、225.88%和283.15%，速效钾累积价值增加37.01%、83.69%、117.67%和141.78%，最终麦田土壤养分累积功能总价值分别增加1 179.52元 $hm^{-2}$、3 053.32元 $hm^{-2}$、4 153.92元 $hm^{-2}$和4 596.10元 $hm^{-2}$，增幅分别为59.87%、154.99%、210.86%和233.31%。

表8-4　不同处理下麦田土壤养分累积功能服务价值　　　　单位：元 hm$^{-2}$

| 产品 | NR | SR1 | SR3 | SR5 | SR7 |
|---|---|---|---|---|---|
| 有机质 | 2 336.48d | 3 180.10c | 4 569.13b | 5 535.32a | 5 688.98a |
| 全氮 | −110.71e | 121.09d | 481.57c | 530.35b | 753.19a |
| 有效磷 | −12.04e | 1.83d | 12.37c | 15.16b | 22.05a |
| 速效钾 | −243.77e | −153.55d | −39.77c | 43.07b | 101.85a |
| 总价值 | 1 969.96d | 3 149.48c | 5 023.29b | 6 123.89ab | 6 566.07a |

## 8.4　水分涵养功能服务价值

秸秆还田有利于增加耕层土壤饱和含水量（表8-1）。由表8-5可知，与NR相比，SR1、SR3、SR5和SR7分别增加耕层土壤水分涵养功能服务价值115.42元 hm$^{-2}$、250.37元 hm$^{-2}$、156.97元 hm$^{-2}$和741.80元 hm$^{-2}$，增幅分别为2.60%、4.47%、8.17%和13.26%。

表8-5　不同处理下麦田水分涵养功能服务价值　　　　单位：元 hm$^{-2}$

| | NR | SR1 | SR3 | SR5 | SR7 |
|---|---|---|---|---|---|
| 价值 | 5 594.93d | 5 740.35cd | 5 845.29bc | 6 051.90b | 6 336.73a |

## 8.5　生态系统服务功能总价值

从表8-6可以看出，秸秆还田有利于提高麦田生态服务功能总价值，SR1、SR3、SR5和SR7生态服务功能总价值分别较NR提高1 177.78元 hm$^{-2}$、4 086.68元 hm$^{-2}$、6 806.91元 hm$^{-2}$和8 787.25元 hm$^{-2}$，增幅分别为3.67%、12.75%、21.23%和27.41%。各处理的农产品和轻工业原料供给功能价值占总服务价值比例最高（47.09%～55.64%），其次为大气调节价值和水分涵养价值，最后为土壤养分累积价值（SR5/SR7土壤养分累积价值略高于水分涵养价值）。随着秸秆还田年数的增加，农产品和轻工业原料供给功能价值先降低后升高，其

他功能价值则逐渐升高；农产品和轻工业原料供给功能价值和水分涵养功能价值
的比例逐渐下降，而土壤养分累积功能价值的比例逐渐上升。

表8-6　不同处理下麦田生态服务功能价值总量

| 功能服务 | NR | | SR1 | | SR3 | | SR5 | | SR7 | |
|---|---|---|---|---|---|---|---|---|---|---|
| | 价值/<br>(元 hm$^{-2}$) | 比例/<br>% | 价值/<br>(元 hm$^{-2}$) | 比例/<br>% | 价值/<br>(元 hm$^{-2}$) | 比例/<br>% | 价值/<br>(元 hm$^{-2}$) | 比例/<br>% | 价值/<br>(元 hm$^{-2}$) | 比例/<br>% |
| 农产品和轻工业原料 | 17 835.68 | 55.64 | 16 778.83 | 50.48 | 17 439.26 | 48.25 | 18 433.01 | 47.43 | 19 234.15 | 47.09 |
| 大气调节 | 6 657.66 | 20.77 | 7 567.34 | 22.77 | 7 837.06 | 21.68 | 8 256.34 | 21.24 | 8 708.53 | 21.32 |
| 土壤养分累积 | 1 969.96 | 6.14 | 3 149.48 | 9.48 | 5 023.29 | 13.90 | 6 123.89 | 15.76 | 6 566.07 | 16.08 |
| 水分涵养 | 5 594.93 | 17.45 | 5 740.35 | 17.27 | 5 845.29 | 16.17 | 6 051.90 | 15.57 | 6 336.73 | 15.51 |
| 总和 | 32 058.23 | | 33 236.01 | | 36 144.91 | | 38 865.13 | | 40 845.47 | |

## 8.6　小结

与秸秆不还田处理相比，秸秆还田1~7 a的农产品和轻工业原料供给功能服务价值提高-5.93%~7.84%，大气调节功能价值提高13.66%~30.80%，土壤养分累积功能价值提高59.87%~233.31%，水分涵养功能服务价值提高2.60%~13.26%，生态系统服务功能总价值提高3.67%~27.41%，连续秸秆还田对于充分利用我国稻麦轮作区自然资源、发展可持续农业具有非常积极的作用。

# 第9章　讨论、结论与展望

## 9.1　秸秆还田的农田土壤生态效应

### 9.1.1　秸秆还田对土壤碳氮及其组分含量与分布的调控效应

（1）秸秆还田方式对土壤有机碳和全氮含量与分布的影响　本研究结果表明，秸秆还田方式对有机碳在不同土层的含量及分布有显著影响，MT较其他处理显著（$P<0.05$）增加了0~5 cm土层SOC含量，与部分已有研究结果一致[38, 141]，这主要是MT处理秸秆主要覆盖在表层，秸秆腐解后主要进入0~5 cm土层，同时可以促进团聚体的形成，提高土壤容重，降低土壤孔隙度，有利于降低有机碳的分解而增加有机碳含量，而耕作提高了土壤的通气性，使得有机碳更容易被分解[142]。随着土壤深度的增加，各处理0~20 cm土层SOC含量均不断下降，与已有研究结果相似[115, 132]。不同处理土壤不同土层间比较，表现为5~10 cm和10~20 cm土层有机碳含量分别以RT和CT最高，主要是因为RT和CT的耕作深度分别达到11 cm和18 cm，促进了秸秆与该土层土壤的混合。也有研究表明，华北麦玉两熟地区秸秆少免耕还田可以提高0~10 cm土层有机碳含量[132, 143]。本研究则表明，与CT0相比，CT增加了0~20 cm土层有机碳含量，并在10~20 cm土层差异达显著水平，说明秸秆还田可以显著提高SOC含量，与部分报道一致[144, 145]。然而，对水旱轮作农田和砂质土壤农田的研究表明，秸秆还田对SOC的固存无显著影响，甚至导致SOC含量的降低，可能是当SOC水平较高时继续增加有机碳输入引发了启动效应[45, 144]。

较多研究认为，少免耕等保护性耕作有利于提高表层土壤TN含量，但是对于深层土壤TN含量是否增加的结论并不一致[113]。Huang等[37]对灌溉稻作系统进行研究认为，免耕能够提高0~5 cm土层TN含量，但是5~10 cm土层TN含量则低于传统耕作。本研究结果表明，MT显著提高0~5 cm土层的TN含量，而

5~10 cm土层的TN含量与其他处理无显著差异有关，10~20 cm土层的TN含量则显著低于其他处理，主要原因是不同耕作处理促进了秸秆与不同土层土壤的混合，提高了相应土层的氮素供给。Qiu等[146]对吉林旱作农田的研究以及Xue等[147]对双季稻田的研究表明，不同耕作处理土壤TN含量均随土壤深度的增加逐渐下降。本研究中，随着土壤深度的增加，MT处理的TN含量逐渐降低，RT处理表现为先上升再下降，而CT和CT0处理2016年先上升再下降，2017年则逐渐上升，主要与秸秆还田深度有关，年度间差异可能与气候等因素差异有关。Vigil和Kissel[83]研究认为，投入碳氮比较高的物料能够增加土壤氮素固定。本研究长期施用高碳氮比的秸秆，有利于氮素固定，可能会导致RT和CT处理TN含量随土壤深度的增加而增加，各土层TN含量CT处理比CT0处理提高9.08%~12.10%，说明秸秆还田有利于提高土壤TN含量，与已有研究结果一致[89, 147]。

　　由于本研究是定位试验，不同秸秆还田4 a后开始测试，试验中土壤碳氮比相对较高，为13.07~17.56，主要是长期施用秸秆的原因。结果表明，秸秆还田不同方式均能提高土壤碳氮比，其中0~5 cm和5~10 cm土层碳氮比各处理间均无显著性差异，10~20 cm土层各处理土壤碳氮比大小为MT>RT>CT，CT显著低于MT，可能是因为CT深层土壤较高的已腐解秸秆含量降低了碳氮比[89]。除了MT处理的10~20 cm土层碳氮比高于5~10 cm土层，其他各处理的碳氮比均随着土壤深度的增加而降低，与Xue等[147]对我国南方双季稻田的研究基本一致。

　　研究还表明，MT显著提高0~5 cm土层对其他土层SOC和TN层化率（$P<0.05$），与已有报道一致[82, 91, 148]，主要是秸秆还田不同方式造成了秸秆分布位置的不同。不同年度间比较，2017年MT与其他处理间的差异高于2016年，主要是因为2016年小麦播种前MT经过浅旋作业，在一定程度上降低了层化率。秸秆还田方式对SOC和TN层化率的影响并不显著，这可能是因为秸秆还田与不还田处理均为翻耕措施，SOC和TN在耕层分布规律较为一致[113]。

　　（2）秸秆还田年数对土壤有机碳和全氮含量及分布的影响　较多研究表明，秸秆还田条件下SOC含量随着土壤深度的增加而逐渐下降[31, 149, 150]。本研究表明，各秸秆还田处理10~20 cm土层SOC含量较0~5和5~10 cm土层均有所下降，与代翠红等[151]对华北农田的研究结果相似，但是5~10 cm土层各处理SOC含量较0~5 cm土层有所上升，与吴玉红等[152]研究中小麦秸秆还田的SOC含量变化趋势一致，这可能是由于本研究中小麦秸秆均匀分布于0~15 cm土层，而0~5 cm土层直接与大气接触，且容重较低、孔隙度较高，更好的土壤通气性促进了SOC的分解[142]。随着秸秆还田年数的延长，各土层SOC增加速率逐渐下降，与李静等[153]对南方稻田的研究结果相符。本研究表明，各土层SOC含量秸秆还田处理与NR处理有显著性差异（$P<0.05$）主要出现在秸秆还田1~3 a，说明秸秆还田可以显著提高SOC含量[144, 145]。

秸秆还田可以有效提高耕层土壤TN含量和储量[70, 89, 154]。本研究表明，秸秆还田可以有效提高耕层土壤（0~20 cm）TN含量，且随着还田年数增加而逐渐提高，但是增幅逐渐降低，与王淑兰等[155]对旱作春玉米农田中的研究结果相近。本研究各处理TN含量较NR显著性差异出现在秸秆还田1~2 a，说明秸秆还田短期内即可提高土壤TN含量，与张丹等[156]研究结果基本一致。

本研究土壤碳氮比为12.94~15.40，各处理土壤碳氮比随土壤深度的增加而提高，与Xue等[147]研究结果中型耕秸秆还田0~20 cm土层碳氮比变化趋势相近，而Zhang等[89]对我国半干旱地区研究表明土壤碳氮比随土壤深度的增加而下降，差异的具体原因尚不明确，可能与土地类型、秸秆还田方式及其在土壤中的腐熟程度、作物种类等因素有关。各土层仅0~5 cm土层碳氮比在秸秆还田初期（0~3 a）随着还田年数增加而显著提高，其他土层与还田年数间均无明显的相关变化趋势，说明在初始碳氮比较低的土壤中，单季水稻秸秆还田可以在短期内提高土壤碳氮比，随着秸秆还田年数的增加，土壤碳氮比趋于平稳（0~5 cm和5~10 cm土层）或者有所降低（10~20 cm土层）。这一变化趋势可能与秸秆还田与否及还田方式有关。最适合土壤微生物活动的碳氮比为24[11]，当土壤碳氮比低于此值时土壤微生物量随其增加而增加，SOC分解强度也随之增加，最终使有外源秸秆补充的土层（0~5 cm和5~10 cm）碳氮比趋于稳定，而缺少外源秸秆补充的土层（10~20 cm）碳氮比则有所下降。

扰动强度较大土壤的SOC层化率一般小于2[93]。Zhang等[89]研究结果表明，秸秆还田4 a的SOC层化率高于秸秆不还田处理，土壤TN层化率也有提高。也有研究认为，相同耕作措施下秸秆还田和不还田处理SOC和TN在耕层分布规律较为一致，秸秆还田对SOC和TN层化率的影响并不显著[113]。在本研究条件下，不同秸秆还田年数处理的SOC层化率为0.95~1.11，NR处理SOC层化率为0.98~1.02，与已有研究结果基本一致[157]；不同秸秆还田年数处理的0~5 cm对其他土层SOC层化率随秸秆还田年数增加总体呈先增长后下降的趋势，且显著提高0~5 cm：10~20 cm SOC层化率，与Zhang等[89]基本一致；TN层化率则表现为先下降后趋于平缓的趋势，与Zhang等[89]不一致，可能与研究区环境条件、作物种类等有关，具体原因尚需要深入分析。

（3）秸秆还田方式对土壤有机碳组分和全氮组分的影响 土壤LFOC受保护程度较低，活性较强，易受农田管理措施等外界因素影响[58]，能较快地反映出耕作方式的影响[158, 159]。本研究结果表明，土壤轻组组分占土壤的比例为1.36% ~ 3.97%，而LFOC占SOC的比例达13.31% ~ 22.28%，这主要得益于轻组中有机碳含量较高，而且在0 ~ 20 cm土层SOC和LFOC、HFOC、POC和MOC含量变化率中，LFOC变化率最高，也说明LFOC最易受耕作影响。LFOC、HFOC含量均随着土壤深度的增加而降低，主要受外源有机质输入量的影响，与Andruschkewitsch等[74]和Tan等[54]研究结果一致。MT处理可显著提高0 ~ 5 cm土层LFOC和HFOC含量，与Tan等[54]在稻麦轮作系统中的研究结果相符，主要是MT处理较低的耕作频率和强度减少了对土壤扰动，从而降低了LFOC的分解[74]。秸秆还田显著增加LFOC和HFOC含量，与Chen等[64]研究结果一致，说明秸秆还田带来的外源有机碳输入提高了LFOC含量。

土壤POC主要由部分降解的植物残茬构成，对耕作等管理措施反应敏感，而MOC则是一种稳定态组分[160, 161]。还田秸秆带入的有机碳大部分以POC形式存在，MOC较少。Blanco-Moure等[57]在地中海半干旱条件下的研究表明，土壤POC含量随土壤扰动强度的增加而降低。本研究结果表明，秸秆还田显著增加POC和MOC含量，与在欧洲土壤气候条件和澳大利亚草地开展的研究结果一致[56, 66]。POC变化率为19.64% ~ 61.12%，远高于MOC变化率（-0.24% ~ 9.59%），表明POC对秸秆还田方式变化反应比MOC敏感。Kibet等[162]对黏化湿软土的研究表明，免耕显著提高0 ~ 10 cm土层POC含量，但是10 ~ 20 cm土层POC含量以翻耕方式最高，主要是因为翻耕提高了这一土层土壤和植株残体的混合。Domínguez等[160]研究结果同样表明，免耕有利于0 ~ 5 cm土层POC积累。本研究结果亦表明，MT显著增加0 ~ 5 cm土层POC含量，但是10 ~ 20 cm土层POC含量不及RT和CT，主要和秸秆分布深度不同有关。

多数研究表明，SOC含量与LFOC、HFOC、POC和MOC等有机碳组分含量显著相关[163-165]，活性有机碳组分是反应土壤管理方式对有机碳影响的敏感指标[51, 166]。本研究表明，SOC含量与LFOC、HFOC、POC和MOC含量均呈极显著相关关系，说明这4种有机碳组分均可以作为指示SOC变化的指标，其中HFOC含量与SOC含量相关系数最高，可能是由于HFOC占SOC的比例最高。受秸秆还田方式影响，SOC变化率与LFOC、HFOC和POC变化率极显著相关，其中LFOC

变化率最高，且与SOC变化率相关性最强，表明在各有机碳组分中，LFOC最能反应秸秆还田方式对SOC的影响。

土壤氮素含量受到外源氮素输入、作物根系吸收、外界有机质施入量及其在土壤中的分解强度、挥发及淋溶损失、农田管理措施等多个因素的影响[73, 167]。轻组有机质是土壤中活性较高的有机质，易受农田管理措施等外界因素影响，能较快地反映出耕作方式的变化[158, 159]。舒馨等[79]对潮土的研究表明，土壤LFTN含量随耕作强度增加而降低。也有研究表明，保护性耕作减少了LFTN含量，可能与其试验中不同处理持续时间不同有关[73]。由于HFTN是土壤中可矿化氮的汇[73]，因此土壤HFTN含量可能会受到土壤TN含量的影响。本研究结果表明，稻麦轮作区土壤轻组组分占土壤的1.36%～3.97%，而LFTN占TN的比例达8.88%～13.94%，表明土壤轻组组分中氮含量相对较高。MT有利于提高0～5 cm土层LFTN含量，主要是MT降低了土壤耕作强度，提高了表层土壤中秸秆分布。各土层LFTN含量CT处理均高于CT0，说明秸秆还田有利于提高土壤LFTN含量[168]。然而，董林林等[80]基于10 a稻麦轮作系统试验研究表明，水稻或小麦秸秆单季还田有利于提高土壤LFTN含量，而稻麦秸秆双季全量还田则会导致土壤LFTN含量下降，与本研究结果的差异可能与其所测LFTN含量为轻组组分中氮含量，HFTN是土壤中比较稳定的氮组分，受耕作方式影响较小[169]。本研究结果则表明，不同土层各处理土壤HFTN含量变化规律和土壤TN一致，处理间差异主要是因为各处理秸秆分布差异和耕作强度不同导致的土壤氮素分解损失差异。

土壤颗粒组分是粒径大于53 μm的土壤组分[73]，PTN活性介于活性有机氮和惰性有机氮之间，对管理措施的响应较为迅速[73, 78, 164]。秸秆腐解后产生的腐殖质、多糖等物质具有促进团聚体形成的作用[170]，可以提高对土壤PTN的保护。秸秆还田不同方式的耕作强度和频率不同，对土壤颗粒组分的破坏程度亦不同。多数研究表明，少免耕等保护性耕作降低了对土壤的扰动强度，提高表层土壤中秸秆含量，有利于提高表层土壤PTN含量[77, 160]，但是对于>10 cm土层PTN含量免耕则不再有优势[70]。但Sainju等[76]对美国蒙大拿州东部旱地农业的研究表明，少免耕下土壤PTN含量的优势可以达到20 cm土层，出现分歧的原因可能和土壤类型、作物种类等因素有关。本研究结果表明，MT显著增加0～5 cm土层PTN含量，其5～20 cm土层PTN含量不及RT和CT。MT对土壤扰动强度最低，且秸秆主要分布于表层土壤，导致其表层PTN含量最高。在5～20 cm土层，MT秸秆分布较少，且MT孔隙连续性较好，氮素淋溶风险更高[171]，导致其PTN含量不及RT和

CT。各土层PTN含量CT处理均高于CT0，说明秸秆还田有利于提高土壤PTN含量[172]。MTN是一种稳定的氮组分[70]，在本研究中受秸秆还田方式影响较小。

较多研究表明，土壤TN含量和LFTN、PTN等氮组分含量显著相关，活性氮组分是反映土壤管理方式对TN影响的敏感指标[77, 80, 164, 173]。本研究表明，土壤TN含量与LFTN、HFTN、PTN和MTN含量均呈极显著相关关系，说明这4种氮组分均可以作为指示TN变化的指标。受秸秆还田方式影响，TN变化率与LFTN、HFTN、PTN和MTN变化率均极显著相关，其中LFTN和PTN变化率最高，且除了2017年0～5 cm土层外，LFTN变化率高于PTN变化率，表明在各氮组分中，LFTN是指示秸秆还田方式对TN含量影响的最佳指标，其次是PTN。

（4）秸秆还田年数对土壤有机碳和全氮组分的影响　秸秆还田年数定位试验表明，土壤轻组组分占全土的比例为1.70%～3.21%，而土壤LFOC占SOC的比例为3.49%～7.92%，表明土壤轻组组分中有机碳含量较高，与多数研究结果一致[54, 58, 174]。多数处理LFOC含量随着土壤深度的增加呈现先上升后下降的趋势，主要是由于0～5 cm土层直接与空气接触，SOC的分解强度高于5～10 cm土层[175]；10～20 cm土层内小麦根系残留量低于5～10 cm土层，导致10～20 cm土层的额外有机碳输入量低于5～10 cm土层。随着秸秆还田年数的增加，各土层LFOC含量逐渐上升，但当还田年数大于6 a后，土壤LFOC含量增速减缓，可能是土壤LFOC含量相对较高，其增加速率和分解速率比较接近所致[176]。土壤HFOC含量随着土壤深度的增加呈现先上升后下降的趋势，主要是因为表层SOC的分解强度较高[165]。随着秸秆还田年数的增加，不同处理各土层HFOC含量逐渐增加，但增速逐渐降低，主要是因为土壤微生物量和微生物活性逐渐提高，对土壤HFOC的分解强度亦在增加[175, 177]。土壤LFOC分配比例随秸秆还田年数增加而逐渐提高，主要是由于还田秸秆腐解后向土壤中输送的各类有机物质提高了土壤活性有机碳比例，有利于提高土壤LFOC比例[178]，同时秸秆还田促进土壤大团聚体的形成，提高了对SOC的保护，进一步提高了土壤LFOC的分配比例[179]。

各处理POC含量随着土壤深度的增加呈现先上升后降低的趋势，且随着秸秆还田年数增加呈逐渐上升的趋势，其中0～5 cm和10～20 cm土层POC含量增幅在还田6 a后有降低的趋势，主要是由土壤微生物活动的增强所致[180]。不同土层间POC含量因秸秆还田年数不同出现差异，表现为5～10 cm土层SR1处理POC含量较NR增幅显著高于0～5 cm和10～20 cm土层。土壤MOC含量随土壤深度的增加所呈现的变化规律因秸秆还田年数不同而不同。当秸秆还田年数<3 a时，各处

理MOC含量随土壤深度的增加先升后降，当秸秆还田年数≥3 a时，各处理MOC含量随土壤深度的增加逐渐降低。出现这种现象主要是因为表层土壤较为干燥，秸秆腐解速度小于深层土壤，土壤获得的外源有机碳输入量低于深层土壤[181]。当秸秆还田年数较长时，深层土壤中秸秆腐解后产生的腐殖质提高了POC含量[182]；而表层土壤容易受到风蚀等外界因素的影响，土壤颗粒组分的稳定性不及深层土壤，从而使MOC的含量高于深层土壤。总体而言，土壤颗粒态组分和POC分配比例随秸秆还田年数的增加而上升，主要是因为还田秸秆降解后形成的腐殖质等物质有促进土壤颗粒态组分形成和保护组分稳定性的作用，同时向土壤输入的有机碳多以活性组分存在，容易进入颗粒态组分中而提高POC分配比例[161]。

在不同秸秆还田年数处理下，LFOC、HFOC、POC、MOC和SOC含量之间均呈极显著正相关关系，皮尔逊相关系数2017年分别为0.936、0.669、0.782和0.603，2018年分别为0.947、0.879、0.864和0.772，说明四者均可以作为指示SOC变化的指标，且LFOC含量与SOC含量的相关性最高。0~20 cm各土层中，土壤LFOC变化率均与SOC变化率极显著相关，且LFOC变化率高于SOC和HFOC、POC和MOC，对秸秆还田年数表现出了最高的敏感性，表明LFOC是指示SOC含量受秸秆还田年数影响的最佳指标[158]。

秸秆腐解后产生的腐殖质等物质向土壤输送氮素的活性部分容易被根系吸收利用[183]，导致LFTN含量随着土壤深度的增加逐渐降低，主要与秸秆分布和根系吸收有关。HFTN是土壤中较为稳定的氮素形态，其增量主要来自秸秆中不易被作物吸收利用与矿化分解的纤维素、木质素等含氮物质和土壤中活性氮素的转化[80]，同时土壤中原有HFTN也会被微生物分解利用。本研究结果表明，各处理LFTN含量随着土壤深度的增加呈逐渐降低的趋势，与前人[183]研究结果一致。随着秸秆还田年数的增加，各土层土壤LFTN含量总体呈逐渐提高的趋势。各土层LFOC含量随秸秆还田年数的增加而逐渐上升，主要是由秸秆腐解后连续向土壤输入额外的活性氮所致[184]。5~10 cm和10~20 cm土层LFTN含量在还田第7 a、8 a（SR7、SR8）出现增幅减缓甚至降低的现象，可能与SOC的增加导致土壤微生物量和活性增加，提高了土壤LFTN的分解利用速率[185]，以及LFTN这一活性氮含量的增加导致其更容易向更深层土壤淋溶有关[186]。土壤HFTN含量随着秸秆还田年数增加而逐渐升高，但增幅逐渐降低，主要是因为秸秆还田向土壤输入额外氮素，但是土壤微生物量和活性也随着秸秆还田年数增加而提高[172]，提高了HFTN的分解强度，导致其增幅逐渐降低。土壤LFTN分配比例随着秸秆还田年数的增加而增加，主要因为还田秸秆腐解后向土壤输送的腐殖质等物质提高了土壤活性氮素比例[187,188]，有利于提高土壤LFTN分配比例，同时秸秆还田促进土壤大团聚体的形成[189]，提高了对土壤氮素的保护，有利于促进LFTN这一活性氮组分的积累[190]，进一步提高了土壤LFTN分配比例。

秸秆腐解后产生的腐殖质和多糖类物质等，具有一定的胶黏作用，可以促进土壤黏粉粒聚合形成颗粒以及小颗粒聚合成大颗粒，促进土壤氮素向颗粒组中转移，同时PTN的稳定性也得以提高[77]。本研究表明，2017年各处理及2018年SR6~SR8各处理PTN含量随着土壤深度的增加呈现先上升后下降的趋势，主要与秸秆还田深度有关。2018年SR6~SR8各处理随着土壤深度的增加则先上升后下降，年度间差异可能与气象条件、作物生长情况有关。随着秸秆还田年数的增加，土壤PTN分配比例逐渐提高，但增速逐渐放缓，主要是因为PTN属于活性相对较强的氮组分[73]，其分解速率高于TN，导致其分配比例增速逐渐放缓。

在不同秸秆还田年数处理下，LFTN、HFTN、PTN、MTN和土壤TN含量之间呈极显著正相关关系，皮尔逊相关系数2017年分别为0.945、0.999、0.755和0.965，2018年分别为0.906、0.997、0.730和0.950，说明四者均可以作为指示TN变化的指标。0~20 cm各土层中，土壤LFTN的变化率均高于土壤TN、HFTN、PTN、MTN，对秸秆还田年数表现出了最高的敏感性，其次为PTN，HFTN和MTN的敏感性最低。土壤TN变化率和LFTN、HFTN、PTN和MTN变化率极显著相关，其中与HFTN变化率相关性最高。尽管HFTN和MTN变化率与TN变化率相关系数高于LFTN和PTN，但是二者变化率远低于LFTN和PTN，而LFTN变化率及其与TN变化率的相关系数均高于PTN，表明LFTN是反映TN含量受秸秆还田影响的最佳指标。

## 9.1.2　秸秆还田对土壤团聚体及其碳氮分布的调控特征

（1）秸秆还田方式对土壤团聚体组成及其有机碳、全氮含量与分布的影响

还田秸秆腐解后向土壤输入大量的碳水化合物、芳香族碳、脂肪族碳、酯类化合物、氨基类化合物[191]和有机质[192]，而碳水化合物是土壤团聚体的重要黏合剂，对团聚体的形成和稳定具有非常重要的作用[193]，有机质也是土壤团聚体形成的重要胶结物[194]，其含量与团聚体的数量和稳定性均呈正相关关系[195]。然而，在我国北方旱地的研究表明，与免耕秸秆覆盖还田相比，收获后秸秆立即耕作还田

可以提高土壤大团聚体比例，并指出这是因为在秸秆直接覆盖的条件下秸秆分解缓慢，有机质不易在短时间内融入土壤，不利于大团聚体的形成。相反，秸秆与土壤的混合有利于秸秆的腐解和分解[196]。本研究结果表明，与CT0处理相比，CT显著提高>2 mm水稳性团聚体和大团聚体比例。在秸秆还田条件下，MT处理明显提高土壤大团聚体比例，特别是>2 mm水稳性团聚体。说明秸秆还田对水稳性团聚体分布有显著影响，与前人研究结果相似[50, 141, 197]。这主要是由于较高强度的耕作会增加土壤的扰动强度，从而降低相应耕作深度内土壤团聚体的团聚度和稳定性[198]。

已有相关研究表明，大团聚体比微团聚体含有更多的碳、氮、颗粒状有机质、不稳定有机质和不稳定有机碳[199]，强度较高的耕作方式破坏了土壤大团聚体而导致其中不稳定有机碳的快速分解[47]，免耕对土壤的机械扰动较少，有助于提升0～10 cm土层高有机碳含量的大团聚体比例，但是在10～20 cm土层总有机碳含量不及犁耕处理，主要是犁耕促进这一土层秸秆与土壤的混合[141]。本研究表明，秸秆还田不同方式间，MT、CT处理SOC含量在0.25～2 mm团聚体中最高，>2 mm团聚体次之；RT、CT0处理SOC含量在>2 mm团聚体中最高，0.25～2 mm团聚体次之；各处理SOC含量最低的是<0.053 mm团聚体，而在0.053～0.25 mm团聚体中稍高。总体上，水稳性大团聚体有机碳含量高于水稳性微团聚体，提高30.53%～44.96%，这与已有研究结果相符[141, 196, 200]。本研究亦表明，MT显著提高>2 mm团聚体对SOC贡献率，且0～20 cm土层SOC含量和土壤水稳性大团聚体含量之间存在显著正相关关系，这与陈晓芬等[195]对0－15 cm土层和Du等[141]对0～10 cm土层的研究结果一致。但Du等[141]研究还表明，10～20 cm土层SOC含量和大团聚体含量呈负相关关系，并指出深层土壤团聚体会受到土壤无机物质和$Ca^{2+}$等的影响，本研究结果与之不一致，具体原因还需要进一步分析。就各粒级团聚体对SOC和TN的贡献率而言，>2 mm和0.25～2 mm团聚体贡献率最高，整体来看水稳性大团聚体对SOC的贡献率达71%以上。与CT0处理相比，CT处理大团聚体有机碳贡献率提高了9.4%，增幅为13.24%。可以看出，本试验农田SOC主要分布在水稳性大团聚体中，秸秆还田有利于提高土壤大团聚体比例和大团聚体碳贡献率。

本研究结果表明，0～20 cm土层各处理>0.25 mm的各粒级团聚体全氮含量显著高于<0.25 mm的团聚体，且大团聚体中全氮对全土TN的贡献率为70.14%～79.38%，远高于微团聚体全氮贡献率，表明0～20 cm土层TN主要分布在

大团聚体上，与部分已有研究结果一致[189, 201]。秸秆还田对各粒级团聚体全氮含量影响均不显著。秸秆还田方式对团聚体中全氮含量影响有限，>0.053 mm各粒级团聚体中全氮含量各处理间差异不显著，<0.053 mm团聚体中，全氮含量CT、CT0处理显著高于RT处理。王兴等[189]对双季稻田的研究表明，免耕秸秆还田有利于提高>2 mm团聚体对土壤TN贡献率，本研究与之结果不同，可能与种植制度、土壤类型等有关。尽管CT0处理<0.053 mm各粒级团聚体含量均高于其他处理，但是其>0.25 mm各粒级团聚体中，全氮含量均最低，0.053～0.25 mm团聚体中全氮含量高于RT，略低于MT和CT，表明秸秆还田有利于促进氮素在大团聚体中的积累。秸秆还田方式显著影响>2 mm团聚体全氮对土壤TN的贡献率，>2 mm团聚体有机碳贡献率MT显著高于CT、CT0；0.053～0.25 mm和<0.053 mm团聚体全氮贡献率CT0显著高于其他处理，表明降低耕作强度及秸秆还田在提高土壤大团聚体比例和土壤TN含量的同时，促进了土壤氮素向大团聚体转移，与Maysoon[199]对肯纳贝克粉砂壤土和王兴等[189]对稻田的研究结果相同。

（2）秸秆还田年数对土壤团聚体组成及其有机碳和全氮含量与分布的影响本研究表明，随着秸秆还田年数的增加，土壤中不同粒级团聚体含量变化趋势不同，其中>2 mm团聚体含量先下降后上升，0.25～2 mm团聚体含量先上升后下降。0.053～0.25 mm团聚体含量变化幅度不大，<0.053 mm团聚体含量先小幅上升，后逐渐下降，与已有研究结果相近[33, 202]。>2 mm团聚体含量在秸秆还田年数较短的处理中（SR1、SR2）较NR有所降低，但随着秸秆还田年数增加而逐渐提高，原因主要是还田1～2 a的秸秆尚未完全降解，其促进土壤颗粒聚合的效果尚不明显，且麦田土壤含水量较低，未完全降解的秸秆具有疏松土壤的作用，阻碍小粒径团聚体形成大土块结构[202]。随着秸秆还田年数的增加，秸秆腐解产生的各类腐殖质形成较强的胶结性能，具有促进土壤大团聚体形成和提高大团聚体稳定性的作用[189, 191, 203]，提高大团聚体比例。

有研究表明土壤微团聚体储存了较多的有机碳[204]，其含量高低可能与土壤类型、种植制度等差异有关，土壤团聚体有机碳贡献率受团聚体分配比例和团聚体有机碳含量等的影响。侯晓娜等[205]研究表明，秸秆还田显著提高团聚体有机碳含量，且效果随团聚体粒级增加而增加。孟庆英等[206]研究表明，土壤各粒级团聚体有机碳含量随秸秆还田量的增加而提高。王富华等[207]研究表明，秸秆还田显著提高>2 mm团聚体有机碳贡献率。本研究表明，各处理有机碳主要分布在大团聚体中，>0.25 mm大团聚体中有机碳含量总体高于<0.25 mm微团聚体，

且大团聚体对全土有机碳的贡献率为66.01% ~ 71.60%，显著高于微团聚体贡献率，与部分已有研究结果相近[107, 208, 209]。秸秆还田年数对不同粒级团聚体有机碳含量具有一定的影响，除了0.053 ~ 0.25 mm团聚体外，其他粒级团聚体中有机碳含量随着秸秆还田年数增加总体呈上升趋势，说明秸秆还田增加土壤外源碳输入，提高团聚体有机碳含量。0.053 ~ 0.25 mm团聚体有机碳含量在秸秆还田3 ~ 4 a后出现下降的趋势，可能是转移到了其他粒级团聚体中所致。秸秆还田年数显著影响各粒级团聚体对SOC的贡献率，随着秸秆还田年数增加，各粒级团聚体中仅>2 mm团聚体有机碳贡献率呈上升趋势，这也表明增加秸秆还田年数可以有效提高有机碳在>2 mm团聚体中的分布。

秸秆还田显著提高土壤团聚体稳定性[210]，并受秸秆还田方式的影响。安嫄嫄等[211]研究了0 ~ 12 000 kg hm$^{-2}$不同玉米秸秆还田量处理对团聚体碳氮分布的影响，结果表明团聚体中氮含量以还田量为9 000 kg hm$^{-2}$时最高，继续增加秸秆还田量会降低团聚体中氮含量。本研究表明，土壤TN主要分布于>0.25 mm大团聚体中，大团聚体对土壤TN的贡献率为63.66% ~ 68.33%，与张少宏等[212]研究结果一致。各粒级团聚体全氮含量随着秸秆还田年数的增加逐渐提高，主要是由于土壤获得额外氮素输入所致，但0.053 ~ 0.25 mm和<0.053 mm团聚体全氮含量有增速减缓的趋势，主要是因为秸秆还田提高土壤颗粒团聚作用，促进微团聚体中全氮向大团聚体中转移，以及微团聚体中氮素更易分解所致[201]。秸秆还田年数显著影响各粒级团聚体对土壤TN的贡献率，随着秸秆还田年数增加，>2 mm团聚体全氮贡献率逐渐上升，其他粒级均呈下降趋势，说明增加秸秆还田年数可以促进氮素向大团聚体转移。

### 9.1.3 秸秆还田对土壤有机碳和全氮储量的影响

（1）秸秆还田方式对有机碳和全氮储量的影响　秸秆还田方式对有机碳储量有显著影响，其影响程度与研究地域条件、复种方式、还田秸秆种类与方式等密切相关。魏燕华等[132]对我国华北麦玉两熟区研究表明，免耕秸秆还田仅增加了0 ~ 10 cm土层有机碳储量，20 ~ 30 cm及30 ~ 50 cm土层的有机碳储量较翻耕秸秆还田均有一定程度的下降，从整个土层（0 ~ 50 cm）来看，免耕秸秆还田较翻耕秸秆还田未表现出明显的固碳优势。但是Xu等[213]对我国南方双季稻田的研究却表明，耕作措施对碳储量的影响可以达到80 cm，二者差异可能和土地利用方式有关。本研究以MT处理土壤质量为参考，通过等质量法计算有机碳和全氮储量，结果表明，MT处理较其他处理增加了0~20 cm土层有机碳储量，与多数研究结果一致[142, 213]。秸秆还田条件下，MT处理0~5 cm土层有机碳储量显著高于其他处理，但随着土壤深度的增加，MT与其他处理之间的差异逐渐减小。这可能是因为MT仅显著提高0~5 cm土层有机碳含量，而随着土壤深度的增加，MT有机碳含量快速下降，而RT和CT耕层有机碳含量相对均匀。还可以看出，CT处理各土壤土层有机碳储量均高于CT0处理，并且在0~10 cm和0~20 cm土层差异显著，说明秸秆还田增加SOC输入，有利于提高耕层有机碳储量。

　　一般认为，免耕等保护性耕作有利于提高土壤氮储量[214, 215]，并且主要体现在上层土壤中，对深层土壤影响较小[216]。然而范如芹等[217]对黑土的研究表明，免耕对氮储量的提升效果并不明显，其认为与作物复种方式有关。本研究结果表明，秸秆还田有效提高0~20 cm各土层土壤氮储量，和已有报道一致[46, 89]，主要是因为秸秆还田可以促进氮素固定，提高土壤氮的积累[69]。MT处理显著提高0~5 cm、0~10 cm土层氮储量，但是由于其10~20 cm土层TN含量显著低于RT和CT，造成0~20 cm土层氮储量低于RT和CT。

　　（2）秸秆还田年数对有机碳和全氮储量的影响　秸秆还田对有机碳储量的提升效果与秸秆还田年数及还田量显著相关，陈鲜妮等[218]对塿土的研究表明，随着秸秆还田量的提高，土壤碳储量也逐渐增加。随着秸秆还田年数的增加，向农田土壤持续投入的秸秆也会影响SOC的积累，林飞燕等[11]在江西的试验和模拟结果都表明，双季稻田50%和100%秸秆还田处理有机碳储量随着还田年数的增加而增加。秸秆还田同样可以增加土壤氮素的输入从而提高土壤氮储量。濮超等[70]在华北平原的研究表明，在相同耕作方式（翻耕）下，秸秆还田比不还田显著提高0~30 cm和0~50 cm土层氮储量。许菁等[219]基于麦-玉两熟农田10 a定位试验研究表明，秸秆还田各处理的土壤碳氮储量均显著高于无秸秆还田处理，并且随着还田年数增加，秸秆还田较不还田的优势越来越明显。王淑兰等[155]对旱作春玉米田研究表明，不同耕作方式下秸秆还田4~6 a有机碳储量逐年上升，第7 a有所下降后再次上升，全氮储量在4~5 a逐年上升，第6 a有所下降后再次上升，但未对中途碳氮储量下降的原因进行分析。还有研究表明，当有机碳储量已达到饱和状态，秸秆还田向土壤归还作物残茬的同时会导致土壤原有有机质的矿化，当SOC新形成量与降解量接近时，有机碳储量即可达到饱和状态；若低于土壤原有有机碳的降解量，有机碳储量就会有所降低[42, 45]。本研究以秸秆不还田（NR）处理土壤质量为参考，通过等质量法计算有机碳和全氮储量，结果表明，秸秆还田显著增加0～20 cm土层有机碳和全氮储量，与已有研究结果一致[46, 89]，其中秸秆还田6 a内0～20 cm土层碳氮储量的增加较为显著，7～8 a增幅下降。可见，在稻麦轮作系统仅水稻秸秆还田且还田量在9 000 kg hm$^{-2}$的情况下，6 a是较为合理的还田年数，之后可以考虑适当减小还田量，将秸秆用于其他途径。其他如还田作物秸秆种类、还田方式与还田量等对有机碳和全氮储量的影响程度有待进一步深入研究。

### 9.1.4　秸秆还田对稻麦产量的影响

（1）秸秆还田不同方式下水稻产量及其与土壤碳氮组分的关系　耕作方式改变土壤环境，影响秸秆还田深度，进而影响水稻产量[220]。唐海明等[221]研究表明，翻耕、旋耕结合秸秆还田能够促进水稻叶片保护性酶活性、光合特性和干物质积累，提高水稻产量。土壤TN及其组分含量变化对水稻产量的影响显著高于SOC及其组分，主要是由于氮素是水稻生长必须的大量元素，其含量的变化对水稻生长影响较大。多数研究认为，土壤活性有机碳、可溶性有机碳、易氧化有机碳、LFOC、水溶性有机碳等有机碳活性组分均与水稻产量显著相关[116, 138, 139]，但是关于各土层有机碳组分与水稻产量的关系研究结果有所差异，王丹丹等[139]认为水稻产量与0～20 cm土层易氧化碳呈极显著正相关，与水溶性有机碳则呈显著负相关；薛建福[113]则认为5～10 cm和10～20 cm土层仅HFOC与水稻产量显著相关，LFOC和POC含量与水稻产量相关性不显著，20～30 cm土层PTN与水稻产量显著相关；周兴等[138]则认为0～20 cm土层有机碳及其活性组分与水稻产量均显著相关，存在的差异可能与具体试验位点、种植制度等因素有关。本研究结果表明，秸秆还田不同方式处理水稻产量由高到低依次为：CT>RT>MT>CT0，主要与秸秆还田深度和耕作强度有关，耕作深度的增加促进了秸秆与相应土层土壤的混合，增加了根系分布土层的养分供给，耕作强度的适当增加有利于根系生长。秸秆还田不同方式处理SOC、TN及其组分与水稻产量相关性随着土壤深度的增加而提高，其中在0～5 cm土层相关性均不显著；5～10 cm土层仅土壤LFOC和PTN含量与水稻产量显著正相关；10～20 cm土层SOC、HFOC、POC、MOC、LFTN、PTN含量与水稻产量显著正相关，与薛建福[113]研究结果相近。在有机碳及其组分中，10～20 cm土层MOC含量的变化对水稻产量影响最大，而LFOC的影响较小，可能是由LFOC活性非常高，周转时间较短且含量低，持续供养能力较差所致[113]。TN及其组分中，LFTN含量的变化对水稻产量影响最大，PTN次之，主要是由于二者易被作物吸收利用，而HFTN和MTN由于性质较为稳定，对水稻产量的影响不显著。

国内外关于土壤团聚体有机碳和全氮分布对水稻产量影响的研究鲜见报道。本研究表明，秸秆还田不同方式处理下各粒级团聚体中有机碳和全氮含量与水稻产量相关性均不显著，但是各粒级团聚体中有机碳以及>2 mm和0.25~2 mm团聚体中全氮含量均与水稻产量呈正相关关系，且>2 mm团聚体中有机碳和全氮含量与水稻产量相关性最高，而0.053~0.25 mm和<0.053 mm团聚体中全氮含量则与水稻产量呈负相关关系。该现象表明，大团聚体中有机碳和全氮含量的增加能够提高水稻产量，而微团聚体中有机碳和全氮含量的增加不利于水稻增产，主要是因为SOC和TN向微团聚体转移会降低二者在大团聚体中的分布。

国内外研究表明，有机碳和全氮储量与水稻产量有显著正相关关系[36, 113]。本研究结果表明，有机碳储量和全氮储量与水稻产量呈现正相关关系，尽管0~20 cm土层有机碳和全氮储量与水稻产量的相关性均未达到显著水平，但是随着土壤深度的增加，碳氮储量与水稻产量相关性也逐渐增加，说明0~20 cm土层有机碳和全氮储量对水稻产量的影响随着土壤深度的增加而增加，未来可以增加土壤深度的研究，以进一步研究三者间的关系。

（2）不同秸秆还田年数下小麦产量及其与土壤碳氮组分的关系　作物秸秆含有碳、氮、磷、钾等营养物质，还田后可以培肥地力，提高小麦产量[222, 223]。张姗等[223]对江苏稻麦轮作系统研究认为，秸秆还田能够促进晚播小麦植株干物质和磷、钾积累，进而提高籽粒产量。陈金[122]对山东冬小麦的研究表明，秸秆还田显著提高冬小麦地上部和籽粒氮素积累量及氮肥偏生产力，最终提高小麦籽粒产量。赵士诚等[120]对华北麦玉两熟系统的研究表明，增加秸秆还田量提高了土壤有机质、TN和全磷含量，有利于提高小麦产量。然而，徐蒋来等[222]研究表明，秸秆还田2 a小麦产量连续提高，但在第3 a，50%稻麦秸秆还田量显著增产，但稻麦秸秆全量还田和稻秸全量还田处理产量有所降低，可能是由于过量秸秆还田易引发病虫害和根部病害，影响小麦生长。本试验结果表明，随着秸秆还田年数的增加，小麦产量呈现先降低后增加的趋势，与牛东[140]研究结果一致，这可能是当秸秆还田年数较短时，秸秆不能及时腐解转化成有机物质，粗纤维残留在土壤中影响了幼苗的发育，导致产量降低；随着秸秆还田年数的延长，秸秆逐渐腐解，腐解物进入土壤后提高了土壤肥力，最终提高小麦产量。这一结果与徐蒋来等[222]研究结果不同，可能与不同试验选用的小麦品种、研究区域等差异有关。本研究进一步对0～20 cm土层SOC和TN组分与小麦产量分析得出，除了5～10 cm土层HFOC、MOC和10～20 cm土层MOC，0～20 cm各土层其他有机碳其组分含量均与小麦产量呈显著正相关关系，0～20 cm各土层TN及其组分含量均与小麦产量呈显著正相关关系，表明小麦产量与土壤氮库的相关性高于SOC库。胡乃娟等[117]研究亦表明，SOC含量及活性有机碳组分含量和小麦产量之间显著相关。回归分析结果表明，在0～20 cm各土层中，10～20 cm土层SOC、TN及其组分含量的增加对小麦增产贡献最高。TN及其组分对小麦增产贡献率高于等量SOC及其组分含量变化；在有机碳各组分中，LFOC含量的增加对小麦增产贡献最高；在TN各组分中，LFTN含量增加对小麦增产贡献最高。

目前国内外有关团聚体碳氮分布及碳氮储量变化对小麦产量影响的研究鲜见报道。本试验结果表明，各粒级团聚体有机碳和全氮含量均与小麦产量正相关，其中除了0.053～0.25 mm团聚体有机碳和全氮，其他粒级团聚体有机碳和全氮含量与小麦产量均呈显著或极显著正相关关系，>2 mm团聚体中有机碳和全氮含量与小麦产量相关性最高，说明小麦产量主要受大团聚体中有机碳和全氮含量的影响。回归分析结果表明，大团聚体中有机碳和全氮及其组分含量变化对小麦增产贡献率高于等量微团聚体有机碳和全氮及其组分含量的变化。0～5 cm、0～10 cm和0～20 cm土层有机碳储量和全氮储量与小麦产量均呈显著正相关关系，随着土壤深度的增加，有机碳储量和全氮储量的变化对小麦产量的影响逐渐减小，其中0～20 cm土层有机碳储量增加1 Mg hm$^{-2}$，小麦产量增加47.4 kg hm$^{-2}$；全氮储量增加1 Mg hm$^{-2}$，小麦产量增加621.3 kg hm$^{-2}$。

## 9.1.5　秸秆还田对农田生态系统服务功能价值的影响

与秸秆不还田处理相比，秸秆还田短期内（≤3 a）导致麦田农产品与轻工业原料供给服务价值降低，而长期（≥5 a）则可以提高麦田农产品与轻工业原料供给服务价值。这主要是因为短期还田秸秆不能及时腐解转化成有机物质，粗纤维残留在土壤中影响了幼苗的发育，影响成熟期小麦的有效穗数和每穗粒数，导致产量降低[224]。随着秸秆还田年数的增加，秸秆逐渐降解进入土壤，提高土壤肥力，小麦千粒重和穗粒数逐渐增加，弥补了穗数的降低，最终提高小麦产量[140]。也有研究表明，秸秆还田能够增加稻麦产量，但效果与区域资源特点、土壤本底条件、耕作栽培及水肥管理等因素密切相关[225]。秸秆还田年数在影响小麦产量的同时也影响小麦秸秆产量，二者共同决定了麦田农产品与轻工业原料供给服务价值。

农作物固定大气中$CO_2$并释放$O_2$的价值量取决于农作物生物产量。秸秆还田初期（≤3 a）小麦生物产量低于秸秆不还田处理，其价值量亦低。随着秸秆还田年限增加，小麦生物产量逐渐提高，并在秸秆还田第5 a超过秸秆不还田处理，其规律和农产品与轻工业原料供给服务价值相似。

$N_2O$、$CH_4$和$CO_2$是农田排放的温室气体的主要形式，其中$CO_2$是温室气体的重要组分，农作物可以通过光合作用固定$CO_2$，同时农作物和土壤的呼吸作用会排放$CO_2$，但是部分研究忽略了$CO_2$在大气调节功能中的作用[125, 226]，而将其纳入评价体系可以对大气调节功能进行更全面的评价[126]。研究结果表明，秸秆还田处理较不还田处理降低了土壤$N_2O$排放量，提高了$CH_4$和$CO_2$排放量，主要是因为秸秆还田可以降低土壤氧化还原电位[227]，且秸秆属于高碳氮比物料，还田后会促进生物固氮，并且秸秆分解过程中还可能产生化感物质，抑制反硝化[228]，从而减少土壤$N_2O$排放。但是秸秆还田提高了土壤含水量和有机碳含量，不利于土壤$CH_4$氧化菌的活动，导致$CH_4$排放量的增加[229]。秸秆还田可以增强土壤呼吸强度，提高土壤温度，提高土壤有机碳含量，最终增加$CO_2$的排放量[230]。随着秸秆还田年数的增加，$N_2O$、$CH_4$和$CO_2$累积排放量均呈上升趋势，可能是由于秸秆还田年数的增加导致土壤C、N含量提高。

秸秆还田向土壤输入有机质和氮、磷、钾等营养元素，从而影响土壤养分的积累。研究结果表明，与试验前土壤养分初始含量相比，秸秆不还田处理氮、磷、钾养分均呈负增长，而长期秸秆还田（SR5、SR7）显著增加了耕层土壤养分累积量，提高了服务价值。较多研究表明，秸秆还田可以有效提高土壤有机碳氮含量和储量，增加土壤氮、磷、钾养分含量。随着还田年数的增加，土壤碳氮含量逐渐提高，但是增幅逐渐下降[33, 155]。另外，秸秆还田对土壤养分累积的影响还受秸秆还田量的影响。因此，未来有必要对不同秸秆还田量下长期秸秆还田对土壤养分累积的影响进行研究，以更加全面地评价秸秆还田的土壤养分积累服务价值。

秸秆还田可以降低土壤容重，提高土壤大团聚体数量和团聚体稳定性[24]，且秸秆还田年数越长对团聚体结构和稳定性的提升效果越明显[33]，增加土壤孔隙度[24]，提高土壤含水量[25]，从而提高了土壤的水分涵养功能服务价值。

综合评估结果表明，在稻麦轮作系统中，麦田生态系统中农产品与轻工业原料供给服务价值占比最高，为47.09%～55.64%，其次是大气调节功能价值。

秸秆还田年数的增加对麦田生态服务功能价值总量有持续提升的作用，且随着秸秆还田年数的增长，麦田生态服务功能价值的累积增加量更为显著。以秸秆还田7 a为例，7 a生态服务功能价值的累积增加量为SR1～SR7价值较NR增加量之和。本研究缺少SR2、SR4和SR6的数据，由于麦田生态服务功能价值随秸秆还田年数的增加而逐渐增长，故暂以价值较低的SR1、SR3和SR5的价值替代SR2、SR4和SR6的价值进行计算，得出秸秆还田7 a麦田生态服务功能价值较秸秆不还田的累积增加量为41 717.22元 hm$^{-2}$。

虽然本研究数据和评价结果具有一定的参考价值，但受到条件限制，部分功能没有得到体现，如生物多样性服务功能、土壤保持功能等，因此，麦田生态系统实际拥有的服务功能总价值应高于本评估结果。另外，本研究秸秆还田年数仅7 a，且只有1种秸秆还田量，对秸秆还田条件下麦田生态系统服务价值的评估还不全面，未来应继续进行长期定位试验，丰富处理设置，并将水稻季纳入评估范围，以更全面地评价稻麦轮作系统的生态服务总价值。

## 9.2 主要结论

秸秆还田不同方式4 a或5 a后显著影响SOC、TN及其组分在不同土层的分布。MT、RT、CT分别提高0～5 cm、5～10 cm和10～20 cm土层SOC和TN含量。秸秆还田不同方式主要影响10～20 cm土层碳氮比，且耕作强度越大碳氮比越低。秸秆还田有利于提高0～20 cm土层SOC、TN含量和碳氮比。MT显著提高0～5 cm对其他各土层SOC和TN层化率，秸秆还田对SOC和TN层化率影响不显著。

秸秆还田不同方式对土壤扰动强度及秸秆分布的影响不同，4 a或5 a后显著影响SOC组分和TN组分分布。MT显著增加0～5 cm土层各SOC组分和TN组分含量，秸秆还田有利于提高0～20 cm各土层各SOC组分和TN组分含量。LFOC和LFTN变化率分别与SOC和TN变化率有较高相关性，且对秸秆还田方式表现出了最高的敏感性，分别是指示秸秆还田方式对SOC和TN影响的最佳指标。

SOC和TN主要分布在>0.25 mm的水稳性大团聚体中，秸秆还田方式对0～20 cm土层>2 mm水稳性团聚体含量影响最大，秸秆还田方式对>2 mm团聚体有机碳和全氮贡献率影响显著，随着耕作强度的增加，该粒级团聚体有机碳和全氮贡献率逐渐降低。秸秆还田提高各粒级团聚体有机碳和大团聚体中全氮含量。

MT提高了0～20 cm土层有机碳储量和0～10 cm土层全氮储量，有利于相应土层有机碳和氮的固定积累，但是0～20 cm土层氮储量低于RT和CT。秸秆还田显著提高0～20 cm土层有机碳和全氮储量，具有良好的碳氮固存效应。

秸秆还田方式处理下，水稻产量CT>RT>MT>CT0。水稻产量与5～10 cm土层LFOC和PTN含量，10～20 cm土层SOC、HFOC、POC、MOC、LFTN、PTN含量呈显著正相关关系，且相关性随着土壤深度的增加总体呈逐渐增加趋势。

秸秆还田年数对不同土层SOC和TN含量影响显著，各土层SOC和TN含量随秸秆还田年数增加逐渐提高，但增幅逐渐减小。0～5 cm土层碳氮比短期内（≤3 a）随着秸秆还田年数增加而显著提高，但是秸秆还田年数对0～20 cm土层碳氮比中长期（>3 a）影响不显著。随着秸秆还田年数增加，表层0～5 cm对其他土层SOC层化率呈先增长后下降的趋势，而TN层化率的变化趋势相反。秸秆还田年数对0～5∶10～20 cm SOC层化率的影响大于0～5∶5～10 cm SOC层化率，对TN层化率的影响则相反。

土壤各SOC组分和TN组分含量均随着秸秆还田年数的增加而上升，但是LFOC、POC、LFTN和PTN的增速明显高于HFOC、MOC、HFTN和MTN。LFOC和LFTN分别与SOC和TN有较高的相关性，且对秸秆还田年数表现出了最高的敏感性，说明二者分别是指示秸秆还田年数对SOC和TN影响的最佳指标。

随着秸秆年数的增加，>2 mm团聚体含量逐渐增加，0.25～2 mm和<0.053 mm团聚体含量逐渐下降，0.053～0.25 mm团聚体变化较小。土壤各粒级团聚体有机碳和全氮含量随秸秆还田年数增加而上升，>0.25 mm大团聚体对SOC和TN的贡献率最大，其中>2 mm团聚体对SOC和TN贡献率随着秸秆还田年数的增加而增加。

0～20 cm各土层有机碳和全氮储量均随着秸秆还田年数的增加而提高，表明秸秆还田有利于0～20 cm各土层SOC和TN的固定积累，但是秸秆还田6 a后土壤碳氮固存量增幅明显降低。

随着秸秆还田年数的增加，小麦产量先下降后上升。除了5～10 cm土层HFOC、MOC和10～20 cm土层SOC，0～20 cm各土层其他SOC、TN及其组分含量均与小麦产量呈显著正相关关系。在各SOC和TN组分中，LFOC和LFTN含量的增加对小麦增产贡献最高。土壤各粒级团聚体中，>2 mm团聚体有机碳和全氮含量与小麦产量相关性最高。小麦产量与有机碳储量和全氮储量显著相关，其中0～20 cm土层有机碳和全氮储量增加1 Mg hm$^{-2}$，小麦产量分别增加47.4 kg hm$^{-2}$和621.3 kg hm$^{-2}$。

与秸秆不还田处理相比，秸秆还田1~7 a的农产品和轻工业原料供给功能服务价值提高-5.93%~7.84%，大气调节功能价值提高13.66%~30.80%，土壤养分累积功能价值提高59.87%~233.31%，水分涵养功能服务价值提高2.60%~13.26%，生态系统服务功能总价值提高3.67%~27.41%。

## 9.3 展望

本书从土壤碳氮固存、产量和农田生态系统服务功能价值等方面对稻麦轮作区秸秆还田的生态效应进行研究，阐明了稻麦轮作农田中秸秆还田不同方式和年数下SOC和TN及其组分变化特征，揭示了稻麦轮作农田中秸秆不同还田方式和年数下土壤水稳性团聚体有机碳和全氮分布特征，分析了稻麦轮作农田中秸秆还田不同方式和年数下，土壤碳氮组分、团聚体碳氮分布和碳氮储量对水稻和小麦产量的影响，较系统地对秸秆还田不同年数下农田生态系统服务功能价值进行了评估，内容具有一定的创新性。但是，受客观条件的限制，本研究存在一定的不足，有待从以下几方面开展深入研究。

第一，本研究设置2个试验对秸秆还田方式和秸秆还田年数分别进行研究，而对秸秆还田方式和还田年数的交互作用尚不清楚，每种秸秆还田方式下不同秸秆还田年数对农田土壤碳氮库及作物产量的影响有待在以后的研究中阐明。

第二，本研究分析了稻麦轮作农田秸秆还田不同方式下，SOC和TN组分、储量对水稻产量的影响，但是关于碳氮组分和储量变化对水稻产量影响的机制尚不明确，部分研究结果如MOC对水稻产量影响较大的原因亦不清楚，有待深入研究。

第三，目前国内外有关碳组分与小麦产量关系的研究较少，有关氮组分、团聚体碳氮分布和碳氮储量对小麦产量影响的研究鲜见报道。需要进一步揭示土壤碳库氮库与小麦产量的关系，为改善环境及协同提高小麦产量提供科学依据。本研究基于2 a试验数据进行分析，部分结果有待进一步研究验证。

第四，本研究对农田土壤生态效应的研究仍不全面，有关农田土壤微生物多样性、群落结构、土壤酶活性的研究尚未涉及，不能充分体现秸秆还田的生态效应，也未能揭示秸秆还田影响土壤碳库氮库、温室气体排放等生态效应的内在机制，需要深入研究。

# 参考文献

［1］ Choudhary V K, Gurjar D S, Meena R S. Crop residue and weed biomass incorporation with microbial inoculation improve the crop and soil productivity in the rice (*Oryza sativa* L.) -toria (*Brassica rapa* L.) cropping system [J]. Environmental and Sustainability Indicators, 2020, 7: 100048.

［2］ Liu N, Li Y, Cong P, et al. Depth of straw incorporation significantly alters crop yield, soil organic carbon and total nitrogen in the North China Plain [J]. Soil & Tillage Research, 2021, 205: 104772.

［3］ Nandan R, Singh S S, Kumar V, et al. Crop establishment with conservation tillage and crop residue retention in rice-based cropping systems of Eastern India: yield advantage and economic benefit [J]. Paddy and Water Environment, 2018, 16 (3): 477-492.

［4］ Pituello C, Dal Ferro N, Simonetti G, et al. Nano to macro pore structure changes induced by long-term residue management in three different soils [J]. Agriculture, Ecosystems & Environment, 2016, 217: 49-58.

［5］ Zhao Y, Wang M, Hu S, et al. Economics- and policy-driven organic carbon input enhancement dominates soil organic carbon accumulation in Chinese croplands [J]. Proceedings of the National Academy of Sciences, 2018, 115 (16): 4045.

［6］ Dikgwatlhe S B, Chen Z, Lal R, et al. Changes in soil organic carbon and nitrogen as affected by tillage and residue management under wheat-maize cropping system in the North China Plain [J]. Soil & Tillage Research, 2014, 144: 110-118.

［7］ Zhang P，Chen X，Wei T，et al. Effects of straw incorporation on the soil nutrient contents，enzyme activities，and crop yield in a semiarid region of China [J]. Soil & Tillage Research，2016，160：65-72.

［8］ 宋大利，侯胜鹏，王秀斌，等. 中国秸秆养分资源数量及替代化肥潜力 [J]. 植物营养与肥料学报，2018，24（1）：1-21.

［9］ Barton L，Hoyle F C，Stefanova K T，et al. Incorporating organic matter alters soil greenhouse gas emissions and increases grain yield in a semi-arid climate [J]. Agriculture，Ecosystems & Environment，2016，231：320-330.

［10］ Jin X，An T，Gall A R，et al. Enhanced conversion of newly-added maize straw to soil microbial biomass C under plastic film mulching and organic manure management [J]. Geoderma，2018，313：154-162.

［11］ 林飞燕，吴宜进，王绍强，等. 秸秆还田对江西农田土壤固碳影响的模拟分析[J]. 自然资源学报，2013，28（6）：981-993.

［12］ Ali R S，Kandeler E，Marhan S，et al. Controls on microbially regulated soil organic carbon decomposition at the regional scale [J]. Soil Biology & Biochemistry，2018，118：59-68.

［13］ Salem M A，Bedade D K，Al-Ethawi L，et al. Assessment of physiochemical properties and concentration of heavy metals in agricultural soils fertilized with chemical fertilizers [J]. Heliyon，2020，6（10）：e5224.

［14］ 李银科，刘虎俊，李菁菁，等. 施用不同有机肥对种植甜高粱土壤生物学特性的影响[J]. 干旱区资源与环境，2021，35（9）：171-176.

［15］ Yu Q，Hu X，Ma J，et al. Effects of long-term organic material applications on soil carbon and nitrogen fractions in paddy fields [J]. Soil & Tillage Research，2020，196：104483.

［16］ Feng D，Zhao G. Footprint assessments on organic farming to improve ecological safety in the water source areas of the South-to-North Water Diversion project [J]. Journal of Cleaner Production，2020，254：120130.

［17］ Lal R. Soil carbon dynamics in cropland and rangeland [J]. Environmental

Pollution, 2002, 116（3）: 353-362.

［18］ Cheng K, Zheng J, Nayak D, et al. Re-evaluating the biophysical and technologically attainable potential of topsoil carbon sequestration in China's cropland [J]. Soil Use & Management, 2013, 29（4）: 501-509.

［19］ 盖霞普, 刘宏斌, 杨波, 等. 不同施肥年限下作物产量及土壤碳氮库容对增施有机物料的响应[J]. 中国农业科学, 2019, 52（4）: 676-689.

［20］ Jug D, Durdević B, Birkás M, et al. Effect of conservation tillage on crop productivity and nitrogen use efficiency [J]. Soil & Tillage Research, 2019, 194: 104327.

［21］ Pu C, Kan Z, Liu P, et al. Residue management induced changes in soil organic carbon and total nitrogen under different tillage practices in the North China Plain [J]. Journal of Integrative Agriculture, 2019, 18（6）: 1337-1347.

［22］ Hu N, Wang B, Gu Z, et al. Effects of different straw returning modes on greenhouse gas emissions and crop yields in a rice-wheat rotation system [J]. Agriculture, Ecosystems & Environment, 2016, 223: 115-122.

［23］ 庞党伟, 陈金, 唐玉海, 等. 玉米秸秆还田方式和氮肥处理对土壤理化性质及冬小麦产量的影响[J]. 作物学报, 2016, 42（11）: 1689-1699.

［24］ 房焕, 李奕, 周虎, 等. 稻麦轮作区秸秆还田对水稻土结构的影响[J]. 农业机械学报, 2018, 49（4）: 297-302.

［25］ Akhtar K, Wang W, Ren G, et al. Changes in soil enzymes, soil properties, and maize crop productivity under wheat straw mulching in Guanzhong, China [J]. Soil & Tillage Research, 2018, 182: 94-102.

［26］ 黄春. 成都平原不同秸秆还田模式下农田系统运行效益研究[D]. 成都: 四川农业大学, 2014.

［27］ 杭玉浩, 王强盛, 许国春, 等. 水分管理和秸秆还田对稻麦轮作系统温室气体排放的综合效应[J]. 生态环境学报, 2017, 26（11）: 1844-1855.

［28］ Daily G C. Nature's Services: Societal Dependence on Natural Ecosystems [M]. Washington D. C.: Island Press, 1997.

［29］ 杨利, 张建峰, 张富林, 等. 长江中下游地区氮肥减施对稻麦轮作体

系作物氮吸收、利用与氮素平衡的影响[J]. 西南农业学报，2013，26
（1）：195-202.

[30] 胡乃娟，陈倩，朱利群. 长江中下游稻-麦轮作系统生命周期环境影响评
价：以江苏南京为例[J]. 长江流域资源与环境，2019，28（5）：1111-1120.

[31] 王海候，金梅娟，陆长婴，等. 秸秆还田模式对农田土壤碳库特性及产
量的影响[J]. 自然资源学报，2017，32（5）：755-764.

[32] Wang P，Liu Y，Li L，et al. Long-term rice cultivation stabilizes soil
organic carbon and promotes soil microbial activity in a salt marsh derived
soil chronosequence [J]. Scientific Reports，2015，5（8）：15704.

[33] 张翰林，郑宪清，何七勇，等. 不同秸秆还田年限对稻麦轮作土壤团聚
体和有机碳的影响[J]. 水土保持学报，2016，30（4）：216-220.

[34] 胡乃娟，张四伟，杨敏芳，等. 秸秆还田与耕作方式对稻麦轮作农田土
壤碳库及结构的影响[J]. 南京农业大学学报，2013，36（4）：7-12.

[35] Loveland P，Webb J. Is there a critical level of organic matter in the
agricultural soils of temperate regions：a review [J]. Soil & Tillage
Research，2003，70（1）：1-18.

[36] Pan G，Smith P，Pan W. The role of soil organic matter in maintaining
the productivity and yield stability of cereals in China [J]. Agriculture,
Ecosystems & Environment，2009，129（1）：344-348.

[37] Huang M，Zhou X，Cao F，et al. Long-term effect of no-tillage on soil
organic carbon and nitrogen in an irrigated rice-based cropping system [J].
Paddy & Water Environment，2016，14（2）：367-371.

[38] Puget P，Lal R. Soil organic carbon and nitrogen in a Mollisol in central
Ohio as affected by tillage and land use [J]. Soil & Tillage Research，2005,
80（1）：201-213.

[39] Gruber N，Galloway J N. An earth-system perspective of the global nitrogen
cycle [J]. Nature，2008，451（7176）：293-296.

[40] Magill A H，Aber J D. Dissolved organic carbon and nitrogen relationships
in forest litter as affected by nitrogen deposition. [J]. Soil Biology &

Biochemistry, 2000, 32（5）：603-613.

［41］ Lal R. Soil carbon sequestration to mitigate climate change [J]. Geoderma, 2004, 123（1-2）：1-22.

［42］ 张雄智, 李帅帅, 刘冰洋, 等. 免耕与秸秆还田对中国农田固碳和作物产量的影响[J]. 中国农业大学学报, 2020, 25（5）：1-12.

［43］ 李新华, 郭洪海, 朱振林, 等. 不同秸秆还田模式对土壤有机碳及其活性组分的影响[J]. 农业工程学报, 2016, 32（9）：130-135.

［44］ 高洪军, 彭畅, 张秀芝, 等. 秸秆还田量对黑土区土壤及团聚体有机碳变化特征和固碳效率的影响[J]. 中国农业科学, 2020, 53（22）：4613-4622.

［45］ Yemadje P L, Chevallier T, Guibert H, et al. Wetting-drying cycles do not increase organic carbon and nitrogen mineralization in soils with straw amendment [J]. Geoderma, 2017, 304：68-75.

［46］ Yang J, Gao W, Ren S. Long-term effects of combined application of chemical nitrogen with organic materials on crop yields, soil organic carbon and total nitrogen in fluvo-aquic soil [J]. Soil & Tillage Research, 2015, 151：67-74.

［47］ Six J, Elliott E T, Paustian K. Soil macroaggregate turnover and microaggregate formation: a mechanism for C sequestration under no-tillage agriculture [J]. Soil Biology & Biochemistry, 2000, 32（14）：2099-2103.

［48］ Guo Y, Fan R, Zhang X, et al. Tillage-induced effects on SOC through changes in aggregate stability and soil pore structure [J]. Science of the Total Environment, 2020, 703：134617.

［49］ Mary B, Clivot H, Blaszczyk N, et al. Soil carbon storage and mineralization rates are affected by carbon inputs rather than physical disturbance: evidence from a 47-year tillage experiment [J]. Agriculture, Ecosystems & Environment, 2020, 299：106972.

［50］ Singh P, Heikkinen J, Ketoja E, et al. Tillage and crop residue management methods had minor effects on the stock and stabilization of topsoil carbon in a 30-year field experiment [J]. Science of the Total Environment, 2015, 518-519: 337-344.

[51] Haynes R J. Labile organic matter as an indicator of organic matter quality in arable and pastoral soils in New Zealand [J]. Soil Biology & Biochemistry, 2000, 32（2）: 211-219.

[52] Liu E, Teclemariam S G, Yan C, et al. Long-term effects of no-tillage management practice on soil organic carbon and its fractions in the northern China [J]. Geoderma, 2014, 213: 379-384.

[53] Chan K Y, Heenan D P, Oates A. Soil carbon fractions and relationship to soil quality under different tillage and stubble management [J]. Soil & Tillage Research, 2002, 63（3）: 133-139.

[54] Tan Z, Lal R, Owens L, et al. Distribution of light and heavy fractions of soil organic carbon as related to land use and tillage practice [J]. Soil & Tillage Research, 2007, 92（1）: 53-59.

[55] Plaza-Bonilla D, álvaro-Fuentes J, Cantero-Martínez C. Identifying soil organic carbon fractions sensitive to agricultural management practices [J]. Soil & Tillage Research, 2014, 139: 19-22.

[56] Bongiorno G, Bünemann E K, Oguejiofor C U, et al. Sensitivity of labile carbon fractions to tillage and organic matter management and their potential as comprehensive soil quality indicators across pedoclimatic conditions in Europe [J]. Ecological Indicators, 2019, 99: 38-50.

[57] Blanco-Moure N, Gracia R, Bielsa A C, et al. Soil organic matter fractions as affected by tillage and soil texture under semiarid Mediterranean conditions [J]. Soil & Tillage Research, 2016, 155: 381-389.

[58] 徐尚起, 崔思远, 陈阜, 等. 耕作方式对稻田土壤有机碳组分含量及其分布的影响 [J]. 农业环境科学学报, 2011, 30（1）: 127-132.

[59] 杨艳华, 苏瑶, 何振超, 等. 还田秸秆碳在土壤中的转化分配及对土壤有机碳库影响的研究进展[J]. 应用生态学报, 2019, 30（2）: 668-676.

[60] Zhou D, Su Y, Ning Y, et al. Estimation of the effects of maize straw

return on soil carbon and nutrients using response surface methodology [J]. Pedosphere, 2018, 28 (3): 411-421.

[61] Guo Z, Liu H, Wan S, et al. Enhanced yields and soil quality in a wheat-maize rotation using buried straw mulch [J]. Journal of the Science of Food and Agriculture, 2017, 97: 3333-3341.

[62] Wang S, Zhao Y, Wang J, et al. The efficiency of long-term straw return to sequester organic carbon in Northeast China's cropland [J]. Journal of Integrative Agriculture, 2018, 17 (2): 436-448.

[63] Yan S, Song J, Fan J, et al. Changes in soil organic carbon fractions and microbial community under rice straw return in Northeast China [J]. Global Ecology and Conservation, 2020, 22: e962.

[64] Chen Z, Wang H, Liu X, et al. Changes in soil microbial community and organic carbon fractions under short-term straw return in a rice–wheat cropping system [J]. Soil & Tillage Research, 2017, 165: 121-127.

[65] Mi W, Sun Y, Zhao C, et al. Soil organic carbon and its labile fractions in paddy soil as influenced by water regimes and straw management [J]. Agricultural Water Management, 2019, 224: 105752.

[66] Zhao S, Li K, Zhou W, et al. Changes in soil microbial community, enzyme activities and organic matter fractions under long-term straw return in north-central China [J]. Agriculture, Ecosystems & Environment, 2016, 216: 82-88.

[67] Martínez J M, Galantini J A, Duval M E, et al. Tillage effects on labile pools of soil organic nitrogen in a semi-humid climate of Argentina: a long-term field study [J]. Soil & Tillage Research, 2017, 169: 71-80.

[68] Wang W, Yuan J, Gao S, et al. Conservation tillage enhances crop productivity and decreases soil nitrogen losses in a rainfed agroecosystem of the Loess Plateau, China [J]. Journal of Cleaner Production, 2020, 274: 122854.

[69] Cao Y, Sun H, Zhang J, et al. Effects of wheat straw addition on dynamics and fate of nitrogen applied to paddy soils [J]. Soil & Tillage Research,

2018, 178: 92-98.

［70］ 濮超, 刘鹏, 阚正荣, 等. 耕作方式及秸秆还田对华北平原土壤全氮及其组分的影响[J]. 农业工程学报, 2018, 34（9）: 160-166.

［71］ Desrochers J, Brye K R, Gbur E, et al. Long-term residue and water management practice effects on particulate organic matter in a loessial soil in eastern Arkansas, USA [J]. Geoderma, 2019, 337: 792-804.

［72］ Guo S, Zhai L, Liu J, et al. Cross-ridge tillage decreases nitrogen and phosphorus losses from sloping farmlands in southern hilly regions of China [J]. Soil & Tillage Research, 2019, 191: 48-56.

［73］ 祁剑英, 王兴, 濮超, 等. 保护性耕作对土壤氮组分影响研究进展[J]. 农业工程学报, 2018, 34（S1）: 222-229.

［74］ Andruschkewitsch R, Geisseler D, Koch H, et al. Effects of tillage on contents of organic carbon, nitrogen, water-stable aggregates and light fraction for four different long-term trials [J]. Geoderma, 2013, 192: 368-377.

［75］ Desrochers J, Brye K R, Gbur E, et al. Carbon and nitrogen properties of particulate organic matter fractions in an Alfisol in the mid-southern, USA [J]. Geoderma Regional, 2019, 20: e00248.

［76］ Sainju U M, Caesar-Tonthat T, Lenssen A W, et al. Tillage and cropping sequence impacts on nitrogen cycling in dryland farming in eastern Montana, USA [J]. Soil & Tillage Research, 2009, 103（2）: 332-341.

［77］ Zhang H, Zhang Y, Yan C, et al. Soil nitrogen and its fractions between long-term conventional and no-tillage systems with straw retention in dryland farming in northern China [J]. Geoderma, 2016, 269: 138-144.

［78］ Jilling A, Kane D, Williams A, et al. Rapid and distinct responses of particulate and mineral-associated organic nitrogen to conservation tillage and cover crops [J]. Geoderma, 2020, 359: 114001.

［79］ 舒馨, 朱安宁, 张佳宝, 等. 保护性耕作对潮土不同组分有机碳、氮的影响[J]. 土壤通报, 2014, 45（2）: 432-438.

［80］ 董林林, 王海侯, 陆长婴, 等. 秸秆还田量和类型对土壤氮及氮组分构

成的影响[J]. 应用生态学报，2019，30（4）：1143-1150.

[81] Wang H，Liu S，Wang J，et al. Effects of tree species mixture on soil organic carbon stocks and greenhouse gas fluxes in subtropical plantations in China [J]. Forest Ecology and Management，2013，300：4-13.

[82] Lou Y，Xu M，Chen X，et al. Stratification of soil organic C，N and C：N ratio as affected by conservation tillage in two maize fields of China [J]. Catena，2012，95：124-130.

[83] Vigil M F，Kissel D E. Equations for estimating the amount of nitrogen mineralized from crop residues [J]. Soil Science Society of America Journal，1991，55（3）：757-761.

[84] Zinn Y L，Marrenjo G J，Silva C A. Soil C：N ratios are unresponsive to land use change in Brazil：a comparative analysis [J]. Agriculture，Ecosystems & Environment，2018，255：62-72.

[85] Toma Y，Hatano R. Effect of crop residue C：N ratio on N$_2$O emissions from gray lowland soil in Mikasa，Hokkaido，Japan [J]. Soil Science & Plant Nutrition，2007，53（2）：198-205.

[86] Ernfors M，Arnold K V，Stendahl J，et al. Nitrous oxide emissions from drained organic forest soils：an up-scaling based on C：N ratios [J]. Biogeochemistry，2008，89（1）：29-41.

[87] Springob G，Kirchmann H. Bulk soil C to N ratio as a simple measure of net N mineralization from stabilized soil organic matter in sandy arable soils [J]. Soil Biology & Biochemistry，2003，35（4）：629-632.

[88] Blancocanqui H，Lal R. No-tillage and soil-profile carbon sequestration：an on-farm assessment [J]. Soil Science Society of America Journal，2008，72（3）：693-701.

[89] Zhang P，Wei T，Li Y，et al. Effects of straw incorporation on the stratification of the soil organic C，total N and C：N ratio in a semiarid region of China [J]. Soil & Tillage Research，2015，153：28-35.

[90] Dong Q G，Yang Y，Yu K，et al. Effects of straw mulching and

plastic film mulching on improving soil organic carbon and nitrogen fractions, crop yield and water use efficiency in the Loess Plateau, China [J]. Agricultural Water Management, 2018, 201: 133-143.

[91] Corral-Fernández R, Parras-Alcántara L, Lozano-García B. Stratification ratio of soil organic C, N and C: N in Mediterranean evergreen oak woodland with conventional and organic tillage [J]. Agriculture, Ecosystems & Environment, 2013, 164: 252-259.

[92] 刘彩霞, 薛建福, 杜天庆, 等. 不同作物对连作玉米田土壤总有机碳与颗粒有机碳的影响[J]. 山西农业大学学报（自然科学版）, 2018, 38（12）: 1-7.

[93] Franzluebbers A J. Soil organic matter stratification ratio as an indicator of soil quality [J]. Soil & Tillage Research, 2002, 66（2）: 95-106.

[94] Sá J C D M, Lal R. Stratification ratio of soil organic matter pools as an indicator of carbon sequestration in a tillage chronosequence on a Brazilian Oxisol [J]. Soil & Tillage Research, 2009, 103（1）: 46-56.

[95] 孙国峰, 徐尚起, 张海林, 等. 轮耕对双季稻田耕层土壤有机碳储量的影响[J]. 中国农业科学, 2010, 43（18）: 3776-3783.

[96] Jha P, Garg N, Lakaria B L, et al. Soil and residue carbon mineralization as affected by soil aggregate size [J]. Soil & Tillage Research, 2012, 121: 57-62.

[97] Xue B, Huang L, Huang Y, et al. Effects of organic carbon and iron oxides on soil aggregate stability under different tillage systems in a rice-rape cropping system [J]. Catena, 2019, 177: 1-12.

[98] Gupta V V S R, Germida J J. Soil aggregation: influence on microbial biomass and implications for biological processes [J]. Soil Biology & Biochemistry, 2015, 80: A3-A9.

[99] Jastrow J, Miller R. Soil Aggregate Stabilization and Carbon Sequestration: Feedbacks Through Organomineral Associations[M]//Lal R, Kimble J M, Follet R F, et al. Soil Processes and the Carbon Cycle [M].

Boca Raton：CRC Press，1998.

［100］ Liang A，Zhang Y，Zhang X，et al. Investigations of relationships among aggregate pore structure，microbial biomass，and soil organic carbon in a Mollisol using combined non-destructive measurements and phospholipid fatty acid analysis [J]. Soil & Tillage Research，2019，185：94-101.

［101］ Six J，Feller C，Denef K，et al. Soil organic matter，biota and aggregation in temperate and tropical soils：effects of no-tillage [J]. Agronorny，2002，22（7-8）：755-775.

［102］ Mehra P，Baker J，Sojka R E，et al. A review of tillage practices and their potential to impact the soil carbon dynamics [J]. Advances in Agronomy，2018，150：185-230.

［103］ Wang X，Qi J，Zhang X，et al. Effects of tillage and residue management on soil aggregates and associated carbon storage in a double paddy cropping system [J]. Soil & Tillage Research，2019，194：104339.

［104］ Kan Z，Ma S，Liu Q，et al. Carbon sequestration and mineralization in soil aggregates under long-term conservation tillage in the North China Plain [J]. Catena，2020，188：104428.

［105］ Onweremadu E U，Onyia V N，Anikwe M A N. Carbon and nitrogen distribution in water-stable aggregates under two tillage techniques in Fluvisols of Owerri area，southeastern Nigeria [J]. Soil & Tillage Research，2007，97（2）：195-206.

［106］ 王峻，薛永，潘剑君，等. 耕作和秸秆还田对土壤团聚体有机碳及其作物产量的影响[J]. 水土保持学报，2018，32（5）：121-127.

［107］ 张顺涛，任涛，周橡棋，等. 油/麦-稻轮作和施肥对土壤养分及团聚体碳氮分布的影响[J]. 土壤学报，2021（已录用）.

［108］ Angers D，Recous S，Aita C. Fate of carbon and nitrogen in water-stable aggregates during decomposition of $^{13}C^{15}N$-labelled wheat straw *in situ* [J]. European Journal of Soil Science，2005，48：295-300.

［109］ Díaz-Zorita M，Duarte G A，Grove J H. A review of no-till systems and soil management for sustainable crop production in the subhumid and semiarid Pampas of Argentina [J]. Soil & Tillage Research, 2002, 65（1）: 1-18.

[110] Lal R. Soil carbon sequestration impacts on global climate change and food security [J]. Science, 2004, 304（5677）: 1623-1627.

[111] Xu J, Han H, Ning T, et al. Long-term effects of tillage and straw management on soil organic carbon, crop yield, and yield stability in a wheat-maize system [J]. Field Crops Research, 2019, 233: 33-40.

[112] Choudhury G S, Srivastava S, Singh R, et al. Tillage and residue management effects on soil aggregation, organic carbon dynamics and yield attribute in rice-wheat cropping system under reclaimed sodic soil [J]. Soil & Tillage Research, 2014, 136: 76-83.

[113] 薛建福. 耕作措施对南方双季稻田碳、氮效应的影响[D]. 北京: 中国农业大学, 2015.

[114] Wang X, Jing Z, He C, et al. Temporal variation of SOC storage and crop yield and its relationship: a fourteen year field trial about tillage practices in a double paddy cropping system, China [J]. Science of the Total Environment, 2020, 759: 143494.

[115] Tian S, Ning T, Wang Y, et al. Crop yield and soil carbon responses to tillage method changes in North China [J]. Soil & Tillage Research, 2016, 163: 207-213.

[116] 王丹丹, 周亮, 黄胜奇, 等. 耕作方式与秸秆还田对表层土壤活性有机碳组分与产量的短期影响[J]. 农业环境科学学报, 2013, 32（4）: 735-740.

[117] 胡乃娟, 韩新忠, 杨敏芳, 等. 秸秆还田对稻麦轮作农田活性有机碳组分含量、酶活性及产量的短期效应[J]. 植物营养与肥料学报, 2015, 21（2）: 371-377.

[118] Sainju U M, Lenssen A W, Allen B L, et al. Soil total carbon and nitrogen and crop yields after eight years of tillage, crop rotation, and cultural practice [J]. Heliyon, 2017, 3（12）: e481.

［119］ Silva P C G D, Tiritan C S, Echer F R, et al. No-tillage and crop rotation increase crop yields and nitrogen stocks in sandy soils under agroclimatic risk [J]. Field Crops Research, 2020, 258: 107947.

［120］ 赵士诚, 曹彩云, 李科江, 等. 长期秸秆还田对华北潮土肥力、氮库组分及作物产量的影响[J]. 植物营养与肥料学报, 2014, 20（6）: 1441-1449.

［121］ 谭月臣. 氮肥、耕作和秸秆还田对作物生产和温室气体排放的影响[D]. 北京: 中国农业大学, 2018.

［122］ 陈金. 耕作模式与施氮量对土壤质量及冬小麦产量的调控效应[D]. 济南: 山东农业大学, 2017.

［123］ Yu Z, Liu X, Zhang J, et al. Evaluating the net value of ecosystem services to support ecological engineering: framework and a case study of the Beijing Plains afforestation project [J]. Ecological Engineering, 2018, 112: 148-152.

［124］ 曹兴进. 农田生态系统多功能价值评估: 以江苏省为例[D]. 南京: 南京农业大学, 2011.

［125］ 谢志坚, 贺亚琴, 徐昌旭. 紫云英-早稻-晚稻农田系统的生态功能服务价值评价[J]. 自然资源学报, 2018（5）: 735-746.

［126］ 马艳芹, 黄国勤. 紫云英配施氮肥对稻田生态系统服务功能的影响[J]. 自然资源学报, 2018, 33（10）: 1755-1765.

［127］ 张刚. 太湖地区稻麦两熟制农田秸秆还田综合效应研究[D]. 南京: 南京林业大学, 2020.

［128］ 鲍士旦. 土壤农化分析[M]. 3版. 北京: 中国农业出版社, 2000.

［129］ Lee J H. An overview of phytoremediation as a potentially promising technology for environmental pollution control [J]. Biotechnology and Bioprocess Engineering, 2013, 18（3）: 431-439.

［130］ Roscoe R, Buurman P. Tillage effects on soil organic matter in density fractions of a Cerrado Oxisol [J]. Soil & Tillage Research, 2003, 70（2）: 107-119.

［131］ Ellert B H, Bettany J R. Calculation of organic matter and nutrients stored in soils under contrasting management regimes [J]. Canadian Journal of Soil Science, 1995, 75（4）：529-538.

［132］ 魏燕华，赵鑫，翟云龙，等. 耕作方式对华北农田土壤固碳效应的影响 [J]. 农业工程学报，2013，29（17）：87-95.

［133］ Elliott E T. Aggregate structure and carbon, nitrogen, and phosphorus in native and cultivated soils [J]. Soil Science Society of America Journal, 1986, 50（3）：627-633.

［134］ Metz B, Davidson O, Bosch P, et al. Climate Change 2007 Mitigation of Climate Change：Working Group III Contribution to the Fourth Assessment Report of the IPCC [M]. Cambridge：Cambridge University Press，2007.

［135］ 李莉莉，王琨，姜珺秋，等. 黑龙江省秸秆露天焚烧污染物排放清单及时空分布[J]. 中国环境科学，2018，38（9）：3280-3287.

［136］ Ghimire R, Lamichhane S, Acharya B S, et al. Tillage, crop residue, and nutrient management effects on soil organic carbon in rice-based cropping systems：a review [J]. Journal of Integrative Agriculture，2017，16（1）：1-15.

［137］ Lu X, Liao Y. Effect of tillage practices on net carbon flux and economic parameters from farmland on the Loess Plateau in China [J]. Journal of Cleaner Production，2017，162：1617-1624.

［138］ 周兴，廖育林，鲁艳红，等. 肥料减施条件下水稻土壤有机碳组分对紫云英-稻草协同利用的响应[J]. 水土保持学报，2017，31（3）：283-290.

［139］ 王丹丹，曹凑贵. 耕作措施与秸秆还田方式对土壤活性有机碳库及水稻产量的影响[J]. 安徽农业科学，2018，46（32）：123-127.

［140］ 牛东. 连续水稻秸秆还田年限对麦季土壤养分含量及温室气体排放的影响[D]. 扬州：扬州大学，2017.

［141］ Du Z, Ren T, Hu C, et al. Soil aggregate stability and aggregate-associated carbon under different tillage systems in the North China Plain [J]. Journal of Integrative Agriculture，2013，12（11）：2114-2123.

［142］ Ussiri D A N, Lal R. Long-term tillage effects on soil carbon storage and carbon dioxide emissions in continuous corn cropping system from an alfisol in Ohio [J]. Soil & Tillage Research，2009，104（1）：39-47.

［143］ 李婧妤，李倩，武雪萍，等. 免耕对农田土壤持水特性和有机碳储量影响的区域差异[J]. 中国农业科学，2020，53（18）：3729-3740.

［144］ Poeplau C，Kätterer T，Bolinder M A，et al. Low stabilization of aboveground crop residue carbon in sandy soils of Swedish long-term experiments [J]. Geoderma. 2015，237-238：246-255.

［145］ Zhao H，Shar A G，Li S，et al. Effect of straw return mode on soil aggregation and aggregate carbon content in an annual maize-wheat double cropping system [J]. Soil & Tillage Research，2018，175：178-186.

［146］ Qiu S，Gao H，Zhu P，et al. Changes in soil carbon and nitrogen pools in a Mollisol after long-term fallow or application of chemical fertilizers，straw or manures [J]. Soil & Tillage Research，2016，163：255-265.

［147］ Xue J，Pu C，Liu S，et al. Effects of tillage systems on soil organic carbon and total nitrogen in a double paddy cropping system in Southern China [J]. Soil & Tillage Research，2015，153：161-168.

［148］ Hernanz J L，Sánchez-Girón V，Navarrete L. Soil carbon sequestration and stratification in a cereal/leguminous crop rotation with three tillage systems in semiarid conditions[J]. Agriculture, Ecosystems & Environment，2009，133（1-2）：114-122.

［149］ 李硕，李有兵，王淑娟，等. 关中平原作物秸秆不同还田方式对土壤有机碳和碳库管理指数的影响[J]. 应用生态学报，2015，26（4）：1215-1222.

［150］ 张鹏，李涵，贾志宽，等. 秸秆还田对宁南旱区土壤有机碳含量及土壤碳矿化的影响[J]. 农业环境科学学报，2011，30（12）：2518-2525.

［151］ 代红翠，陈源泉，赵影星，等. 不同有机物料还田对华北农田土壤固碳的影响及原因分析[J]. 农业工程学报，2016，32（s2）：103-110.

［152］ 吴玉红，郝兴顺，田霄鸿，等. 秸秆还田对汉中盆地稻田土壤有机碳组分、碳储量及水稻产量的影响[J]. 水土保持学报，2017，31（4）：325-331.

［153］ 李静，陶宝瑞，焦美玲，等.秸秆还田下我国南方稻田表土固碳潜力研究：基于Meta分析[J].南京农业大学学报，2015，38（3）：351-359.

［154］ 张雅洁，陈晨，陈曦，等.小麦-水稻秸秆还田对土壤有机质组成及不同形态氮含量的影响[J].农业环境科学学报，2015，34（11）：2 155-2161.

［155］ 王淑兰，王浩，李娟，等.不同耕作方式下长期秸秆还田对旱作春玉米田土壤碳、氮、水含量及产量的影响[J].应用生态学报，2016，27（5）：1530-1540.

［156］ 张丹，付斌，胡万里，等.秸秆还田提高水稻-油菜轮作土壤固氮能力及作物产量[J].农业工程学报，2017，33（9）：133-140.

［157］ López-Fando C，Pardo M T. Soil carbon storage and stratification under different tillage systems in a semi-arid region [J]. Soil & Tillage Research，2011，111（2）：224-230.

［158］ 刘杰，李玲玲，谢军红，等.连续14年保护性耕作对土壤总有机碳和轻组有机碳的影响[J].干旱地区农业研究，2017，35（1）：8-13.

［159］ Zhao F，Zhang L，Sun J，et al. Effect of Soil C，N and P stoichiometry on soil organic C fractions after afforestation [J]. Pedosphere，2017，27（4）：705-713.

［160］ Domínguez G F，Diovisalvi N V，Studdert G A，et al. Soil organic C and N fractions under continuous cropping with contrasting tillage systems on mollisols of the southeastern Pampas [J]. Soil & Tillage Research，2009，102（1）：93-100.

［161］ 戴伊莎，贾会娟，熊瑛，等.保护性耕作措施对西南旱地玉米田土壤有机碳、氮组分及玉米产量的影响[J].干旱地区农业研究，2021，39（3）：82-90.

［162］ Kibet L C，Blanco-Canqui H，Jasa P. Long-term tillage impacts on soil organic matter components and related properties on a Typic Argiudoll [J]. Soil & Tillage Research，2016，155：78-84.

［163］ 梁爱珍，张晓平，杨学明，等.黑土颗粒态有机碳与矿物结合态有机碳

的变化研究[J]. 土壤学报，2010，47（1）：153-158.

［164］贺美，王迎春，王立刚，等. 深松施肥对黑土活性有机碳氮组分及酶活性的影响[J]. 土壤学报，2020，57（2）：446-456.

［165］张军科，江长胜，郝庆菊，等. 耕作方式对紫色水稻土轻组有机碳的影响[J]. 生态学报，2012，32（14）：4379-4387.

［166］Miller G A，Rees R M，Griffiths B S，et al. The sensitivity of soil organic carbon pools to land management varies depending on former tillage practices [J]. Soil & Tillage Research，2019，189：236-242.

［167］王敬国，林杉，李保国. 氮循环与中国农业氮管理[J]. 中国农业科学，2016，49（3）：503-517.

［168］Malhi S S，Lemke R，Wang Z H，et al. Tillage，nitrogen and crop residue effects on crop yield，nutrient uptake，soil quality，and greenhouse gas emissions [J]. Soil & Tillage Research，2006，90（1）：171-183.

［169］哈斯尔，郑嗣蕊，涂伊南，等. 陕北固沙林恢复过程中土壤碳氮组分库特征与固存效应[J]. 干旱区研究，2019，36（4）：835-843.

［170］张玉铭，胡春胜，陈素英，等. 耕作与秸秆还田方式对碳氮在土壤团聚体中分布的影响[J]. 中国生态农业学报（中英文），2021，29（9）：1558-1570.

［171］崔思远，尹小刚，陈阜，等. 耕作措施和秸秆还田对双季稻田土壤氮渗漏的影响[J]. 农业工程学报，2011，27（10）：174-179.

［172］Chen H，Liang Q，Gong Y，et al. Reduced tillage and increased residue retention increase enzyme activity and carbon and nitrogen concentrations in soil particle size fractions in a long-term field experiment on Loess Plateau in China [J]. Soil & Tillage Research，2019，194：104296.

［173］陈洁，梁国庆，周卫，等. 长期施用有机肥对稻麦轮作体系土壤有机碳氮组分的影响[J]. 植物营养与肥料学报，2019，25（1）：36-44.

［174］韩玮，申双和，谢祖彬，等. 生物炭及秸秆对水稻土各密度组分有机碳及微生物的影响[J]. 生态学报，2016，36（18）：5838-5846.

［175］矫丽娜，李志洪，殷程程，等. 高量秸秆不同深度还田对黑土有机质组

成和酶活性的影响[J]. 土壤学报，2015，52（3）：665-672.

［176］ 董珊珊，窦森，林琛茗，等. 玉米秸秆在土壤中的分解速率及其对腐殖质组成的影响[J]. 吉林农业大学学报，2016，38（5）：579-586.

［177］ 夏国芳. 有机物料对黑土有机碳积累的影响[D]. 哈尔滨：东北农业大学，2006.

［178］ 黄金花，刘军，杨志兰，等. 秸秆还田下长期连作棉田土壤有机碳活性组分的变化特征[J]. 生态环境学报，2015，24（3）：387-395.

［179］ 皇甫呈惠，孙筱璐，刘树堂，等. 长期定位秸秆还田对土壤团聚体及有机碳组分的影响[J]. 华北农学报，2020，35（3）：153-159.

［180］ 常汉达，王晶，张凤华. 棉花长期连作结合秸秆还田对土壤颗粒有机碳及红外光谱特征的影响[J]. 应用生态学报，2019，30（4）：1218-1226.

［181］ 左玉萍，贾志宽. 土壤含水量对秸秆分解的影响及动态变化[J]. 西北农林科技大学学报（自然科学版），2004，32（5）：61-63.

［182］ 王虎，王旭东，田宵鸿. 秸秆还田对土壤有机碳不同活性组分储量及分配的影响[J]. 应用生态学报，2014，25（12）：3491-3498.

［183］ 解文孝，李建国，刘军，等. 不同土壤背景下秸秆还田量对水稻产量构成及氮吸收利用的影响[J]. 中国土壤与肥料，2021（2）：248-255.

［184］ 张杰. 秸秆、木质素及生物炭对土壤有机碳氮和微生物多样性的影响[D]. 北京：中国农业科学院，2015.

［185］ Hao M, Hu H, Liu Z, et al. Shifts in microbial community and carbon sequestration in farmland soil under long-term conservation tillage and straw returning [J]. Applied Soil Ecology, 2019, 136：43-54.

［186］ 王敬. 土壤氮转化过程对氮去向的调控作用[D]. 南京：南京师范大学，2017.

［187］ 王士超，闫志浩，王瑾瑜，等. 秸秆还田配施氮肥对稻田土壤活性碳氮动态变化的影响[J]. 中国农业科学，2020，53（4）：782-794.

［188］ 马芳霞，王忆芸，燕鹏，等. 秸秆还田对长期连作棉田土壤有机氮组分的影响[J]. 生态环境学报，2018，27（8）：1459-1465.

［189］ 王兴，祁剑英，井震寰，等. 长期保护性耕作对稻田土壤团聚体稳定性和碳氮含量的影响[J]. 农业工程学报，2019，35（24）：121-128.

［190］ 李娇, 信秀丽, 朱安宁, 等. 长期施用化肥和有机肥下潮土干团聚体有机氮组分特征[J]. 土壤学报, 2018, 55（6）: 1494-1501.

［191］ 薛斌, 黄丽, 鲁剑巍, 等. 连续秸秆还田和免耕对土壤团聚体及有机碳的影响[J]. 水土保持学报, 2018, 32（1）: 182-189.

［192］ Li Z, Lai X, Yang Q, et al. In search of long-term sustainable tillage and straw mulching practices for a maize-winter wheat-soybean rotation system in the Loess Plateau of China [J]. Field Crops Research, 2018, 217: 199-210.

［193］ Yousefi M, Hajabbasi M, Shariatmadari H. Cropping system effects on carbohydrate content and water-stable aggregates in a calcareous soil of Central Iran [J]. Soil & Tillage Research, 2008, 101（1）: 57-61.

［194］ Tisdall J M, Oades J M. Organic matter and water-stable aggregates in soils [J]. European Journal of Soil Science, 1982, 33（2）: 141-163.

［195］ 陈晓芬, 李忠佩, 刘明, 等. 不同施肥处理对红壤水稻土团聚体有机碳、氮分布和微生物生物量的影响[J]. 中国农业科学, 2013, 46（5）: 950-960.

［196］ Liu S, Yan C, He W, et al. Effects of different tillage practices on soil water-stable aggregation and organic carbon distribution in dryland farming in Northern China [J]. Acta Ecologica Sinica, 2015, 35（4）: 65-69.

［197］ Andruschkewitsch R, Koch H, Ludwig B. Effect of long-term tillage treatments on the temporal dynamics of water-stable aggregates and on macro-aggregate turnover at three German sites [J]. Geoderma, 2014, 217-218: 57-64.

［198］ 周虎, 吕贻忠, 杨志臣, 等. 保护性耕作对华北平原土壤团聚体特征的影响[J]. 中国农业科学, 2007, 40（9）: 1973-1979.

［199］ Mikha M M, Rice C W. Tillage and manure effects on soil and aggregate-associated carbon and nitrogen [J]. Soil Science Society of America Journal, 2004, 68（3）: 809-816.

［200］ Nath A J, Lal R. Effects of tillage practices and land use management on soil aggregates and soil organic carbon in the North Appalachian Region,

USA [J]. Pedosphere，2017，27（1）：172-176.

［201］ 刘晓利，何园球，李成亮，等. 不同利用方式旱地红壤水稳性团聚体及其碳、氮、磷分布特征[J]. 土壤学报，2009，46（2）：255-262.

［202］ 孙隆祥，陈梦妮，薛建福，等. 秸秆还田对麦粱两熟农田土壤团聚体特征的短期效应[J]. 水土保持研究，2018，25（6）：36-44.

［203］ 邹文秀，韩晓增，严君，等. 耕翻和秸秆还田深度对东北黑土物理性质的影响[J]. 农业工程学报，2020，36（15）：9-18.

［204］ 李景，吴会军，武雪萍，等. 15年保护性耕作对黄土坡耕地区土壤及团聚体固碳效应的影响[J]. 中国农业科学，2015，48（23）：4690-4697.

［205］ 侯晓娜，李慧，朱刘兵，等. 生物炭与秸秆添加对砂姜黑土团聚体组成和有机碳分布的影响[J]. 中国农业科学，2015，48（4）：705-712.

［206］ 孟庆英，邹洪涛，韩艳玉，等. 秸秆还田量对土壤团聚体有机碳和玉米产量的影响[J]. 农业工程学报，2019，35（23）：119-125.

［207］ 王富华，黄容，高明，等. 生物质炭与秸秆配施对紫色土团聚体中有机碳含量的影响[J]. 土壤学报，2019，56（4）：929-939.

［208］ 孙汉印，姬强，王勇，等. 不同秸秆还田模式下水稳性团聚体有机碳的分布及其氧化稳定性研究[J]. 农业环境科学学报，2012，31（2）：369-376.

［209］ 孙元宏，高雪莹，赵兴敏，等. 添加玉米秸秆对白浆土重组有机碳及团聚体组成的影响[J]. 土壤学报，2017，54（4）：1009-1017.

［210］ 安婉丽，高灯州，潘婷，等. 水稻秸秆还田对福州平原稻田土壤水稳性团聚体分布及稳定性影响[J]. 环境科学学报，2016，36（5）：1833-1840.

［211］ 安嫄嫄，马琨，王明国，等. 玉米秸秆还田对土壤团聚体组成及其碳氮分布的影响[J]. 西北农业学报，2020，29（5）：766-775.

［212］ 张少宏，付鑫，Muhammad Ihsan，等. 秸秆和地膜覆盖对黄土高原旱作小麦田土壤团聚体氮组分的影响[J]. 水土保持学报，2020，34（1）：236-241.

［213］ Xu S，Zhang M，Zhang H，et al. Soil organic carbon stocks as aaffected by tillage systems in a double-cropped rice field [J]. Pedosphere，2013，23

148

（5）：696-704.

[214] 高奇奇，张玮，马立晓，等. 采样深度和计算方法影响保护性耕作土壤碳氮储量的评估结果[J]. 中国农业气象，2021，42（1）：1-12.

[215] 李倩，李晓秀，吴会军，等. 不同气候和施肥条件下保护性耕作对农田土壤碳氮储量的影响[J]. 植物营养与肥料学报，2018，24（6）：1539-1549.

[216] 胡宁，娄翼来，梁雷. 保护性耕作对土壤有机碳、氮储量的影响[J]. 生态环境学报，2009，18（6）：223-226.

[217] 范如芹，梁爱珍，杨学明，等. 耕作与轮作方式对黑土有机碳和全氮储量的影响[J]. 土壤学报，2011，48（4）：788-796.

[218] 陈鲜妮，岳西杰，葛玺祖，等. 长期秸秆还田对塿土耕层土壤有机碳库的影响[J]. 自然资源学报，2012，27（1）：25-32.

[219] 许菁，李晓莎，许姣姣，等. 长期保护性耕作对麦-玉两熟农田土壤碳氮储量及固碳固氮潜力的影响[J]. 水土保持学报，2015，29（6）：191-196.

[220] Samoura M L. 耕作方式与秸秆还田对双季稻产量和温室气体排放的影响[D]. 北京：中国农业科学院，2018.

[221] 唐海明，肖小平，李超，等. 不同土壤耕作模式对双季水稻生理特性与产量的影响[J]. 作物学报，2019，45（5）：740-754.

[222] 徐蒋来，胡乃娟，朱利群. 周年秸秆还田量对麦田土壤养分及产量的影响[J]. 麦类作物学报，2016，36（2）：215-222.

[223] 张姗，石祖梁，杨四军，等. 施氮和秸秆还田对晚播小麦养分平衡和产量的影响[J]. 应用生态学报，2015，26（9）：2714-2720.

[224] 王祥菊，周炜，王子臣，等. 土壤耕作与秸秆还田对小麦产量及麦季温室气体排放的影响[J]. 扬州大学学报（农业与生命科学版），2016，37（3）：101-106.

[225] 周延辉，朱新开，郭文善，等. 中国地区小麦产量及产量要素对秸秆还田响应的整合分析[J]. 核农学报，2019，33（1）：129-137.

[226] 秦钟，章家恩，骆世明，等. 稻鸭共作系统生态服务功能价值的评估研究[J]. 资源科学，2010，32（5）：864-872.

［227］ Cui S Y，Xue J F，Chen F，et al. Tillage effects on nitrogen leaching and nitrous oxide emission from double-cropped paddy fields [J]. Agronomy Journal，2014，106（106）：15-23.

［228］ 石岳峰，吴文良，孟凡乔，等. 农田固碳措施对温室气体减排影响的研究进展[J]. 中国人口·资源与环境，2012，22（1）：43-48.

［229］ 张翰林，吕卫光，郑宪清，等. 不同秸秆还田年限对稻麦轮作系统温室气体排放的影响[J]. 中国生态农业学报，2015，23（3）：302-308.

［230］ Vasconcelos A L S，Cherubin M R，Feigl B J，et al. Greenhouse gas emission responses to sugarcane straw removal [J]. Biomass & Bioenergy，2018，113：15-21.